面向 21 世纪高等职业教育精品课程规划教材
高等职业教育课程改革项目优秀教学成果

机械制图习题集（第 2 版）

主　编　徐秀娟

副主编　高　葛

参　编　田莉坤　孙　路　孙鹏涛

主　审　郑宏勤

北京理工大学出版社
BEIJING INSTITUTE OF TECHNOLOGY PRESS

内 容 简 介

本习题集与徐秀娟主编、北京理工大学出版社出版的《机械制图（第2版）》教材配套使用。根据最新的《技术制图》及《机械制图》国家标准编写而成。

主要内容有制图的基本知识、投影基础、基本体及表面交线、轴测投影、组合体、机件的图样画法、零件图、装配图、计算机绘图等。

本书可作为高职高专及高等工科院校机械类、近机械类各专业"机械制图"课程的教学用书，也可供自学者使用。

版权专有　侵权必究

图书在版编目（CIP）数据

机械制图习题集／徐秀娟主编．—2版．—北京：北京理工大学出版社，2010.1（2017.9重印）
ISBN 978－7－5640－1509－1

Ⅰ．机⋯　Ⅱ．徐⋯　Ⅲ．机械制图－高等学校：技术学校－习题　Ⅳ．TH126－44

中国版本图书馆 CIP 数据核字（2009）第 215125 号

出版发行／北京理工大学出版社
社　　址／北京市海淀区中关村南大街5号
邮　　编／100081
电　　话／(010)68914775(办公室) 68944990(批销中心) 68911084(读者服务部)
网　　址／http：//www.bitpress.com.cn
经　　销／全国各地新华书店
印　　刷／三河市天利华印刷装订有限公司
开　　本／787毫米×1092毫米　1/16
印　　张／15.25
字　　数／154千字
版　　次／2010年1月第2版　2017年9月第11次印刷　　责任校对／陈玉梅
定　　价／32.00元　　　　　　　　　　　　　　　　　　责任印制／边心超

图书出现印装质量问题，本社负责调换

前　　言

本习题集针对高职高专的培养目标和特点，总结教学及教学改革实践经验，贯彻"实用为主、够用为度"的原则，着重于识图及绘图能力的培养，并采用了最新的《技术制图》及《机械制图》国家标准。

本习题集与徐秀娟主编、北京理工大学出版社出版的《机械制图》教材配套使用，编排内容及顺序与教材对应，由陕西国防工业职业技术学院徐秀娟主编、高葛副主编，参加编写工作的有徐秀娟（第1章、第8章、第9章、第10章），高葛（第2章、第5章、第6章），田莉坤（第7章、第3章部分内容），孙路（第4章），孙鹏涛（第3章部分内容）。

本书由郑宏勤主审，参加审稿的有陕西国防工业职业技术学院吴呼玲、张亚军、孟保战，双峰集团咸阳压缩机厂武苏维等。

在本书编写过程中，得到了陕西国防工业职业技术学院机械系有关领导的大力帮助和支持，提出了许多宝贵的意见，对此我们表示衷心的感谢。

对本书存在的问题，热诚希望广大读者提出宝贵意见与建议，以便今后继续改进。

编　者

目 录

第 1 章　制图的基本知识 …………………………………………………………………（1）

第 2 章　投影基础 …………………………………………………………………………（10）

第 3 章　基本体及表面交线 ………………………………………………………………（21）

第 4 章　轴测投影 …………………………………………………………………………（32）

第 5 章　组合体 ……………………………………………………………………………（35）

第 6 章　机件的图样画法 …………………………………………………………………（50）

第 7 章　标准件、常用件 …………………………………………………………………（66）

第 8 章　零件图 ……………………………………………………………………………（77）

第 9 章　装配图 ……………………………………………………………………………（91）

第 10 章　计算机绘图 ……………………………………………………………………（107）

第1章 制图的基本知识

1-1 字体练习

机械制图字体工整笔画清楚间隔均匀排列整齐横平竖直填满方格

结构均匀注意起落电子建筑航空热处理螺纹齿轮蜗杆啮合模数端

本课程是一门实践性很强的专业技术基础课学习本课程应坚持理

ABCDEFGHIJKLMNOPQRSTUVWXYZ

abcdefghijklmnopqrstuvwxyz

0123456789∅

0123456789∅

1-2 图线练习

1. 过各等分点照画下列图线。

2. 以中心线的交点为圆心，在指定位置从大到小，依次画出粗实线圆、细虚线圆、细点画线圆、细实线圆。

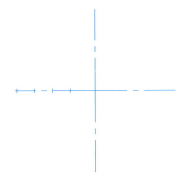

3. 完成图形中左右对称的各种图线。

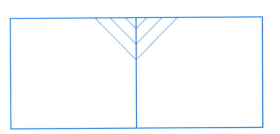

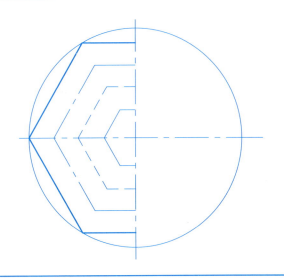

班级　　　姓名　　　学号

1-3 完成下面几何图形

1. 作圆的内接正六边形。

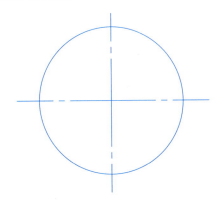

2. 按尺寸在规定位置完成图形。

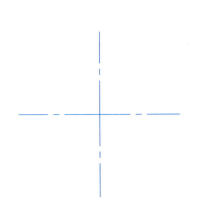

3. 在指定位置按尺寸抄画右上角图形并标注。

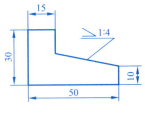

4. 在指定位置按尺寸抄画右上角图形并标注。

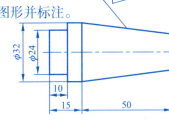

班级　　　姓名　　　学号

1-4 按要求完成下面图形

1. 按1:1比例在规定位置完成图形。

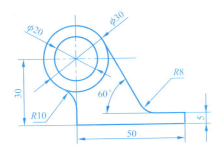

2. 按右上角图形及尺寸在规定位置完成图形。

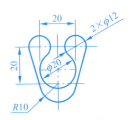

1-5 根据上图及尺寸，在下面图形上抄注尺寸

（1）

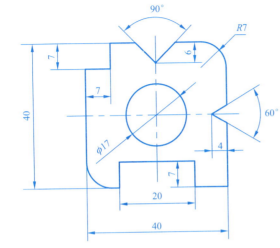

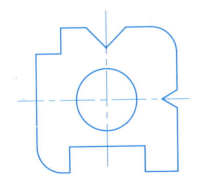

（2）

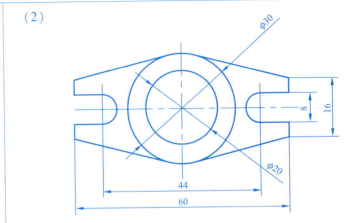

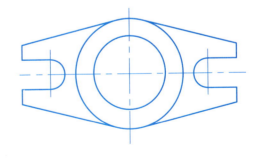

班级　　　姓名　　　学号

1－6　指出图中尺寸标注的错误及所缺尺寸，并在右图中正确标注

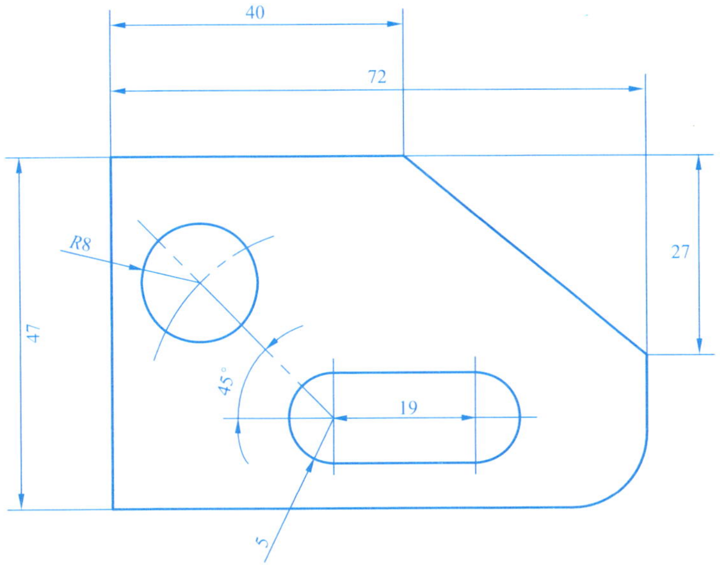

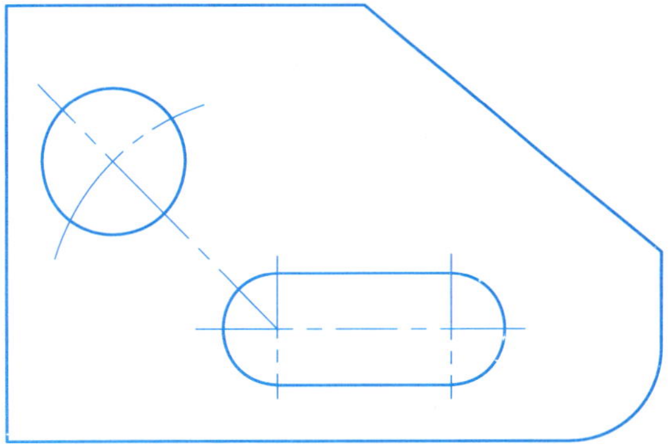

班级　　　　姓名　　　　学号

1-7 线型练习

一、内容

用 A4 图纸，1:1 的比例按右图给定的图形及尺寸抄画线型及图形。

二、目的

1. 熟悉并掌握各种线型的规格及画法。
2. 学会正确使用绘图仪器和工具。
3. 初步练习画图方法和步骤。

三、要求

1. 遵守国家标准有关图幅和线型的规定。
2. 图线光滑均匀，同类线型粗细一致。
3. 图面整洁、字体工整，严肃认真、一丝不苟。

四、方法

1. 将图纸固定在图板上。
2. 用 H、HB 铅笔画底稿，下笔要轻，色淡线细，水平线要利用丁字尺，垂直线用三角板配合丁字尺画出，虚线、点画线线段长度和间隙要一致。
3. 用 HB、B 铅笔描深，加深前应检查全图，改正错误并擦去多余线条，描深时用力要大且均匀，先曲后直。
4. 填写标题栏。

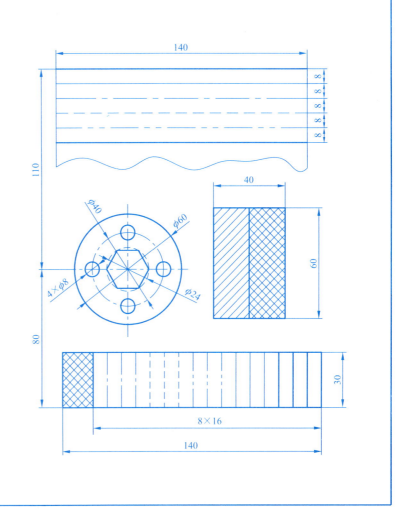

班级　　姓名　　学号

1-8 抄画平面图形及尺寸

一、内容

用 1∶1 比例抄画图形。

二、目的

1. 学习平面图形的尺寸分析，掌握圆弧连接的作图方法。
2. 学习画平面图形的方法和步骤。
3. 贯彻国家标准中规定的尺寸注法。

三、要求

1. 图形准确，作图方法正确。
2. 图形均匀，连接光滑，各类图线规格一致。
3. 尺寸箭头符合要求，数字注写正确。
4. 布图均匀，图面整洁，字体工整。

四、方法及步骤

1. 准备好绘图工具及仪器，将图纸固定在图板的适当位置，使绘图时丁字尺、三角板移动自如。
2. 根据比例和所画图形的大小，合理布图。并考虑标注尺寸的位置，确定图形的基准线。
3. 底稿用 H 或 2H 铅笔轻淡地画出。一般先画轴线或对称中心线，再画主要轮廓，然后画细节。
4. 描深图线前，要仔细检查底稿，纠正错误，擦去多余的作图线。加深时应注意先细线后粗线、先圆弧后直线，先水平后垂直。

（1）

班级　　姓名　　学号

续 1-8 抄画平面图形及尺寸

(2)

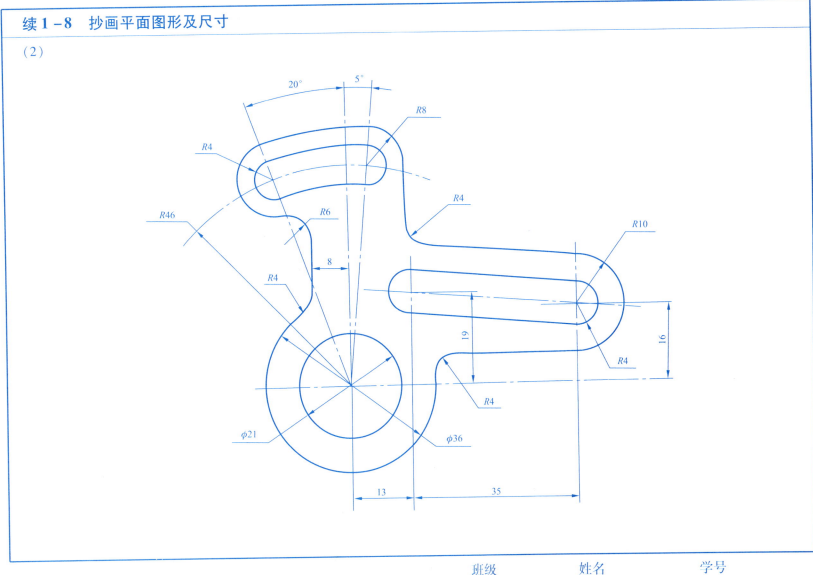

第 2 章 投影基础

2-1 根据立体图找出三视图，并把序号填在对应的括号内

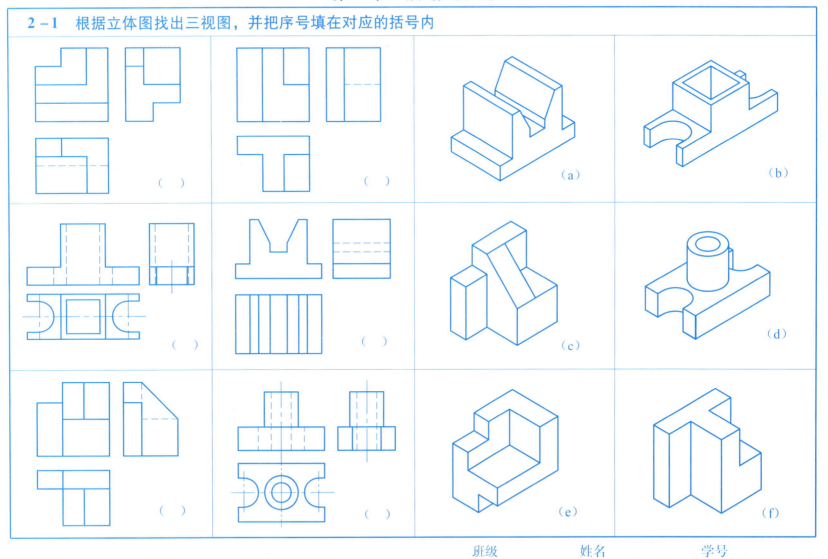

2-2 根据三视图找出立体图,并把序号填在对应的括号内

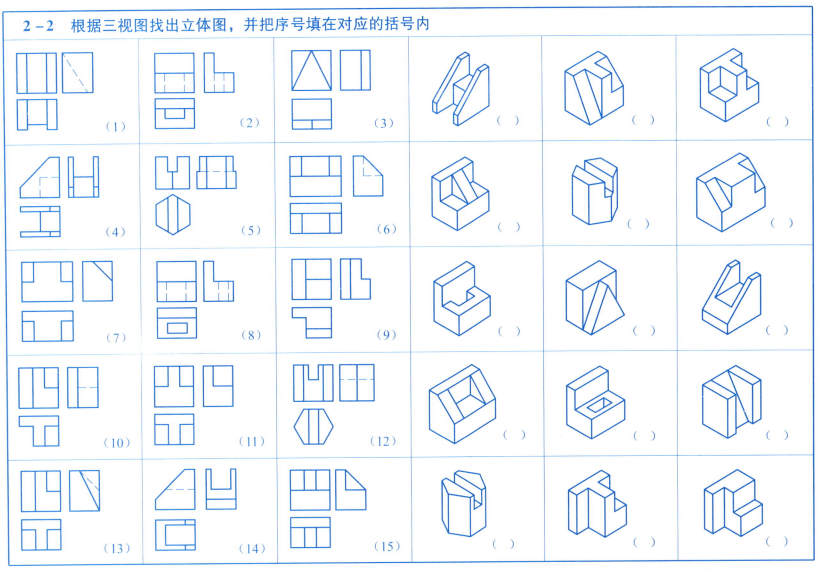

2-3 根据立体图，补画视图中所缺的图线

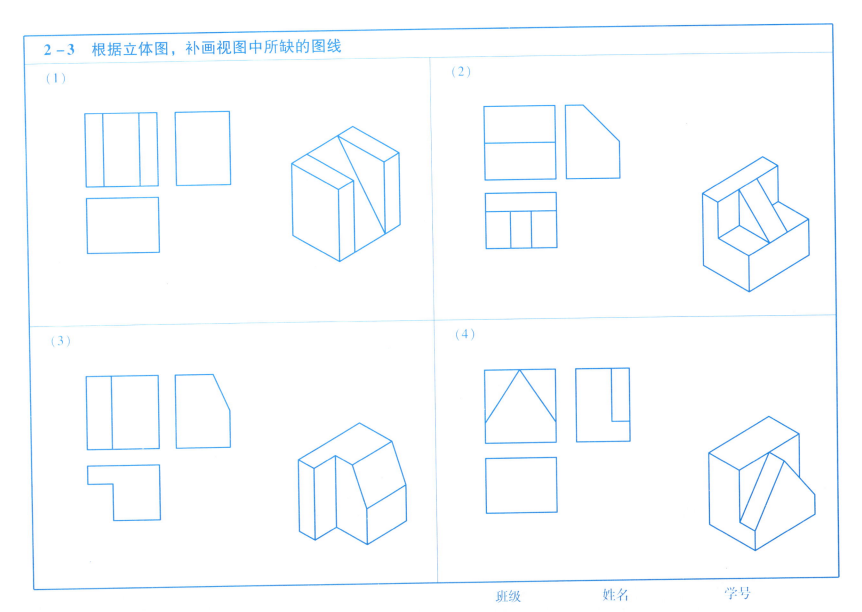

(1)

(2)

(3)

(4)

班级　　　姓名　　　学号

2-4 根据立体图画三视图

(1)

(2)

(3)

(4)

班级　　　姓名　　　学号

2-5 点的投影

1. 根据 A、B 两点的空间位置，画出其三面投影图（尺寸从图中量取，取整数）。

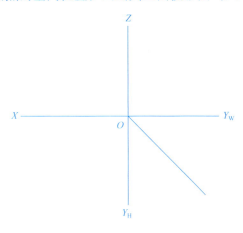
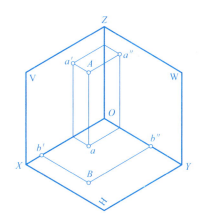

2. 已知点 A、B 和点 C、D 的两面投影，求作第三面投影并回答问题。
(1) 点 B 在点 A ____方、____方、____方。
(2) 点 C 在____面，____坐标值为零。
(3) 点 D 在____面，____坐标值为零。

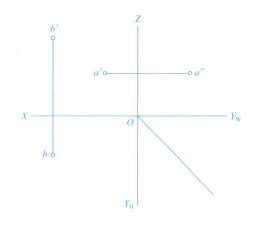
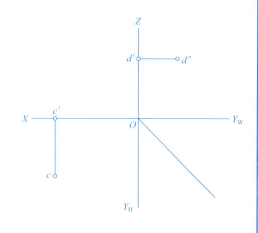

续 2-5 点的投影

3. 作点 A (10, 25, 25), B (30, 0, 15), C (0, 10, 10) 的三面投影。并比较点的相对位置,将结果填在横线上。

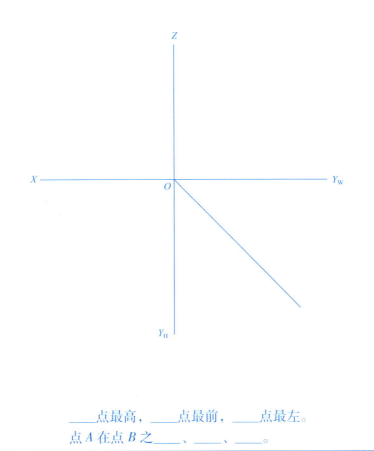

____点最高,____点最前,____点最左。
点 A 在点 B 之____、____、____。

4. 已知 A、B、C 各点对投影面的距离,作各点的三面投影。

	距 H 面	距 V 面	距 W 面
A	30	20	15
B	0	0	25
C	15	0	10

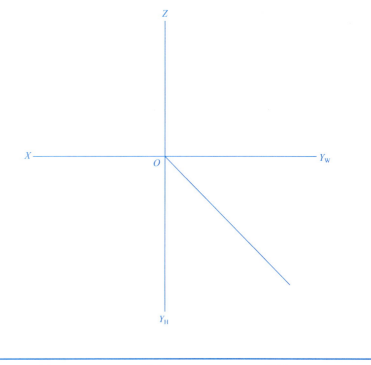

班级　　　姓名　　　学号

续 2-5 点的投影

5. 在投影图中，标注出物体上 A、B、C 三点的投影。

6. 根据点的两面投影求第三面投影。

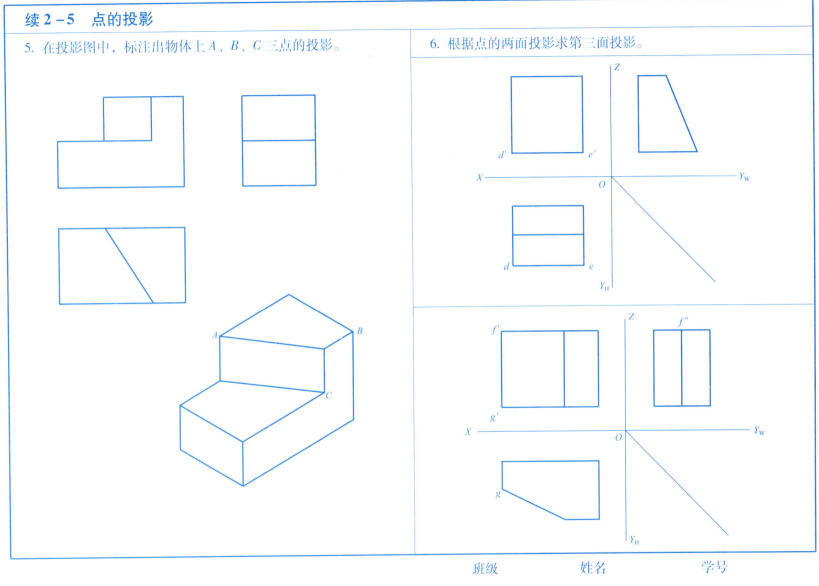

2-6 直线的投影

1. 根据直线的两面投影，作出第三面投影，并判断其对投影面的相对位置。

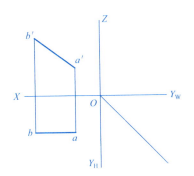

AB 是_____线

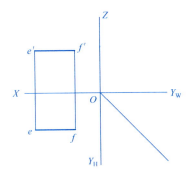

CD 是_____线

EF 是_____线

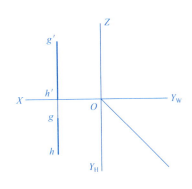

GH 是_____线

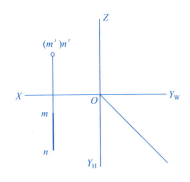

KL 是_____线

MN 是_____线

班级　　姓名　　学号

续 2-6 直线的投影

2. 求作直线 AB、BC、CA、SA、SB、SC 的 W 面投影,并说明它们分别是什么位置的直线。

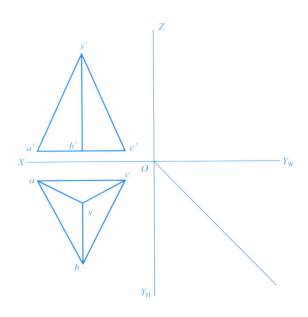

SA 是_____线	AC 是_____线
SB 是_____线	AB 是_____线
SC 是_____线	BC 是_____线

3. 注出直线 AB、CD 的另两面投影符号,在立体图中标出 A、B、C、D。

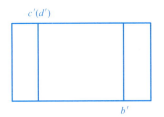

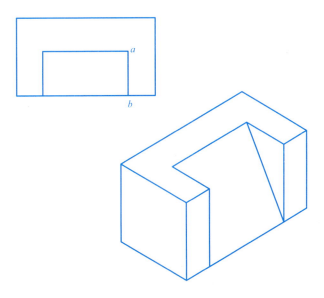

2-7 平面的投影

1. 已知平面的两面投影,求第三面投影,并判断平面的空间位置。

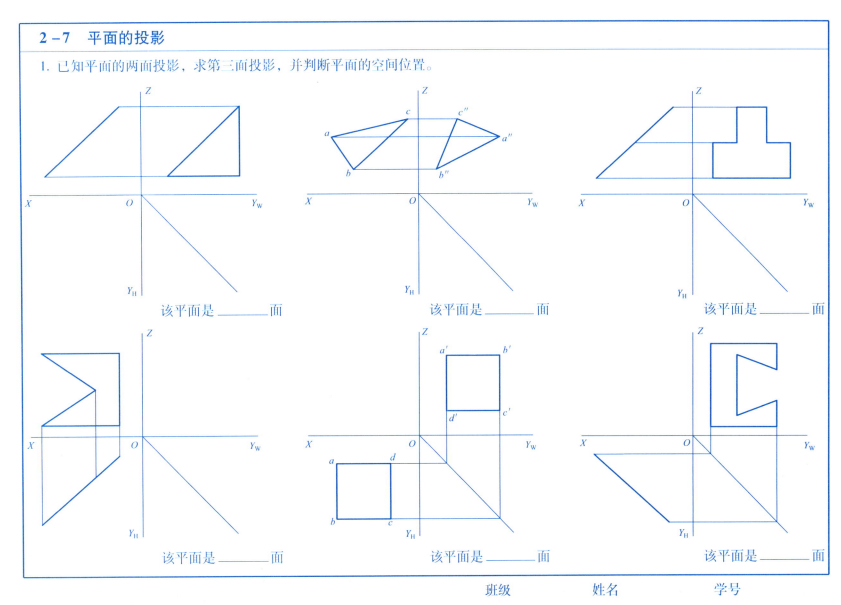

该平面是_____面   该平面是_____面   该平面是_____面

该平面是_____面   该平面是_____面   该平面是_____面

班级　　　　姓名　　　　学号

续 2-7 平面的投影

2. 在投影图中用字母标出立体图中指定各表面的三个投影，并说明其空间位置。

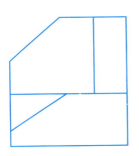

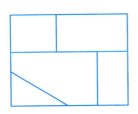
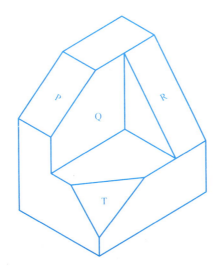

P面是 _____ 面

Q面是 _____ 面

T面是 _____ 面

R面是 _____ 面

3. 包含直线 AB 作一正方形，使它垂直于 H 面。

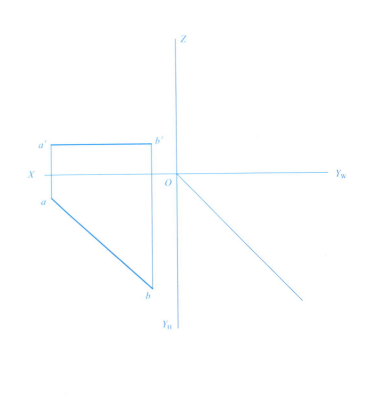

第3章 基本体及表面交线

3-1 画平面体的三视图

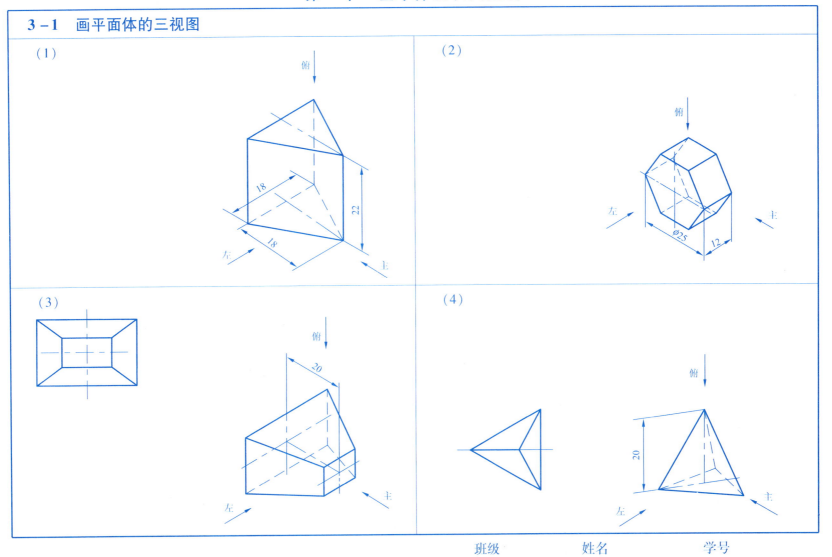

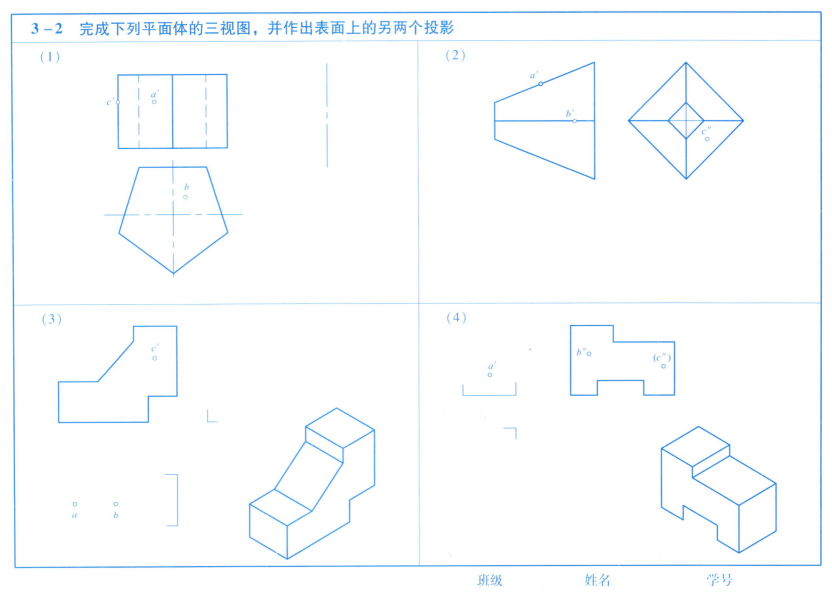

3–3 按 1:1 的比例画回转体的三视图

1. 底圆为 φ22，长度为 25，轴线为正垂线的圆柱。

2. 底圆为 φ22，锥高为 25，轴线为侧垂线的圆锥。

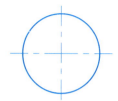

3. 底圆为 φ30，顶圆为 φ16，高 20 的竖放圆台。

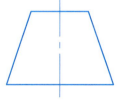

4. SR15 的平放半球。

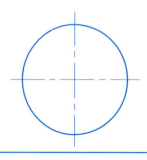

班级　　　姓名　　　学号

3-4 已知回转体表面上点的一个投影，求作另外两个投影

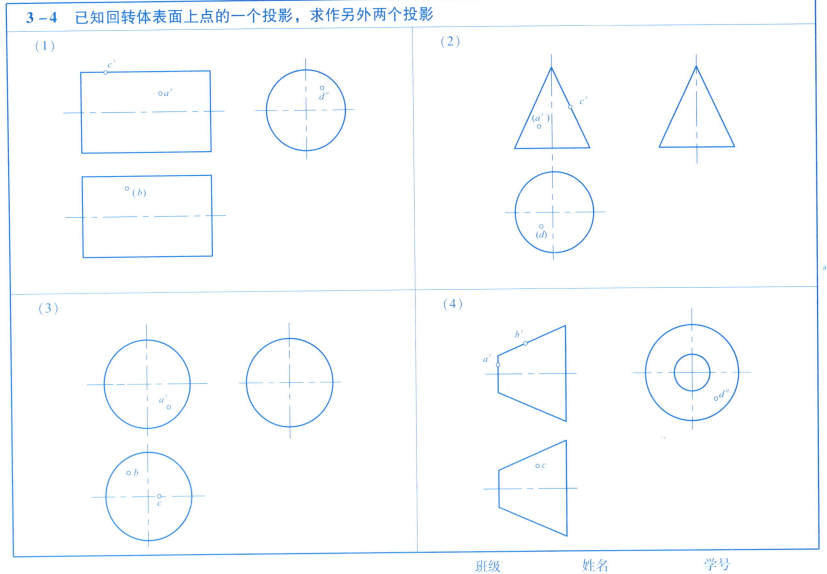

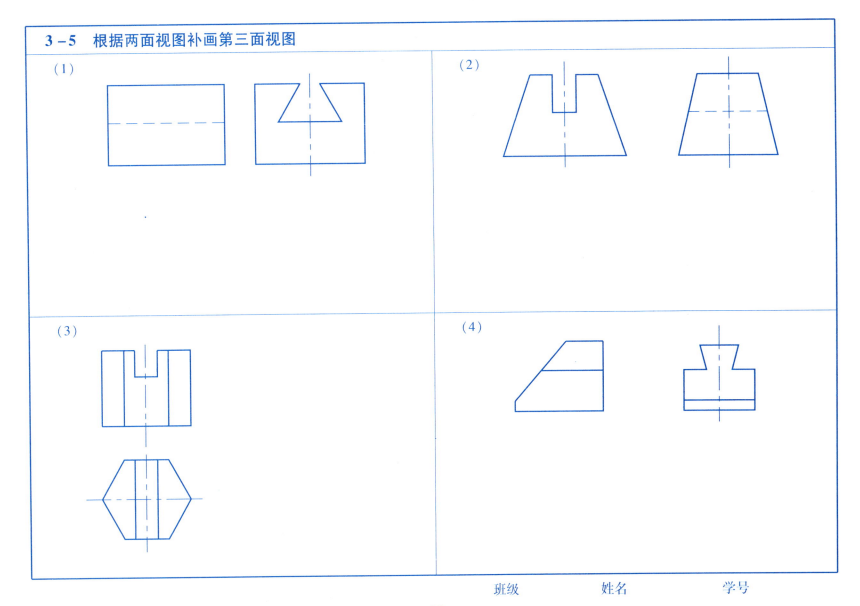

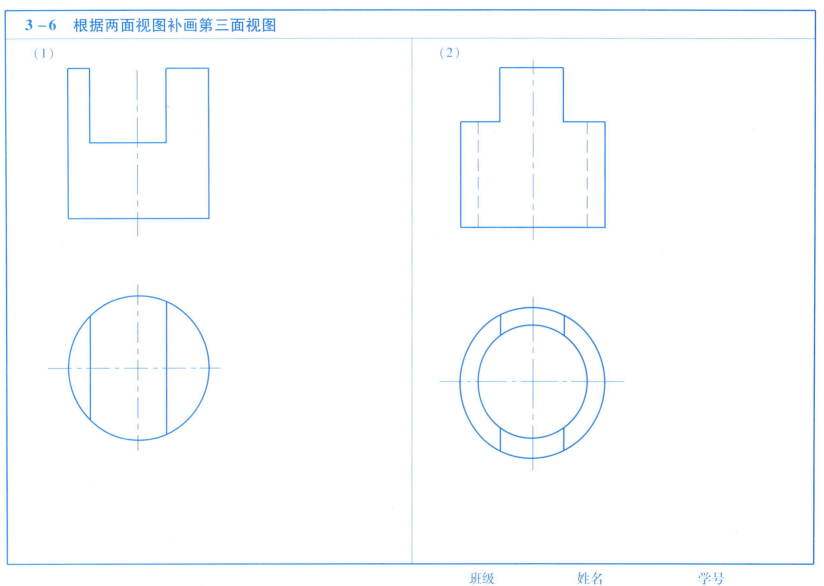

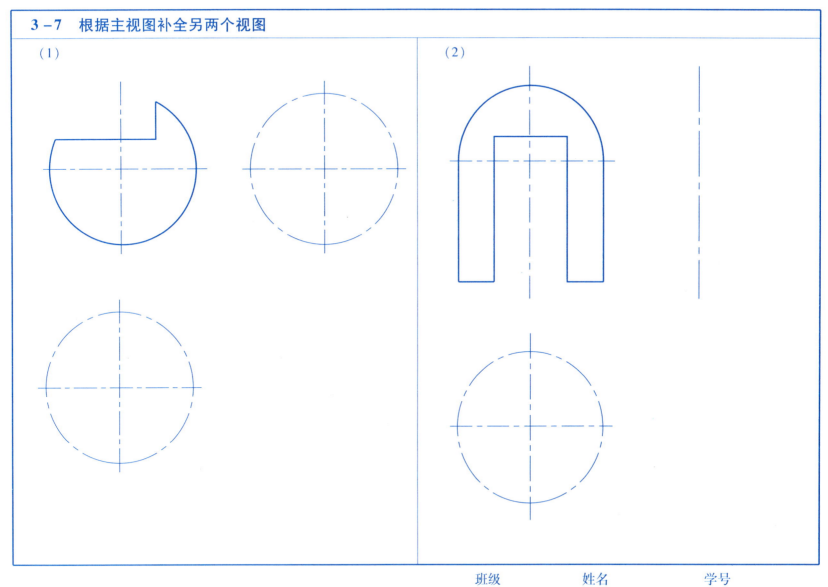

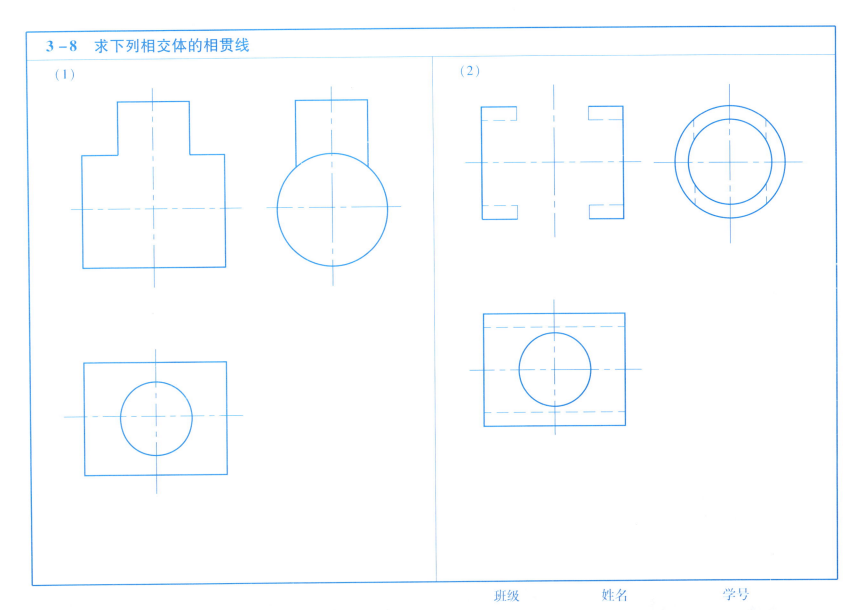

3-9 求下列相交体的相贯线

(1)

(2)

3−10　求圆柱体和圆锥体的相贯线

3-11 分析下列回转体相交情况,并求作其相贯线

(1)

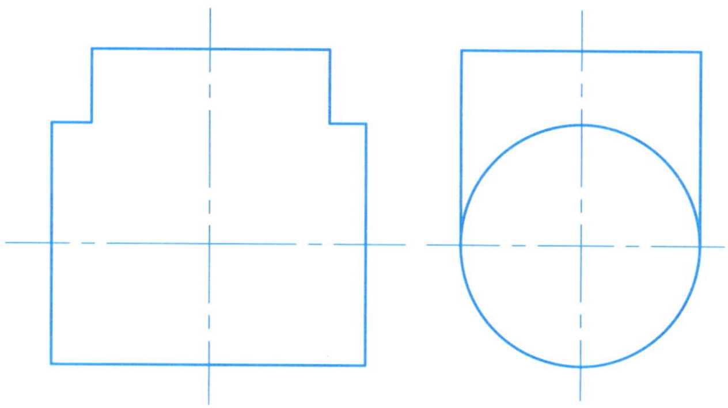

(2)

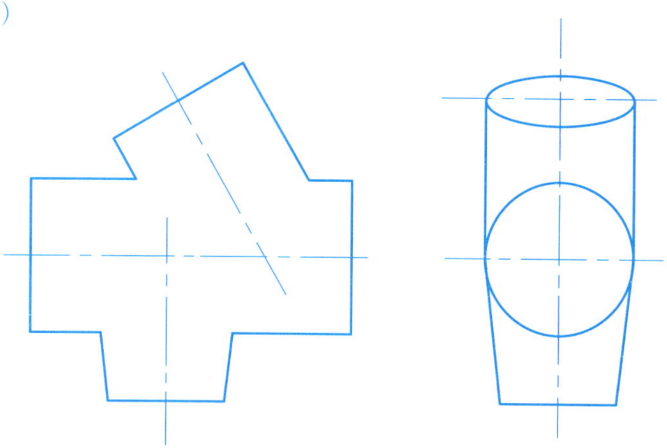

(3)

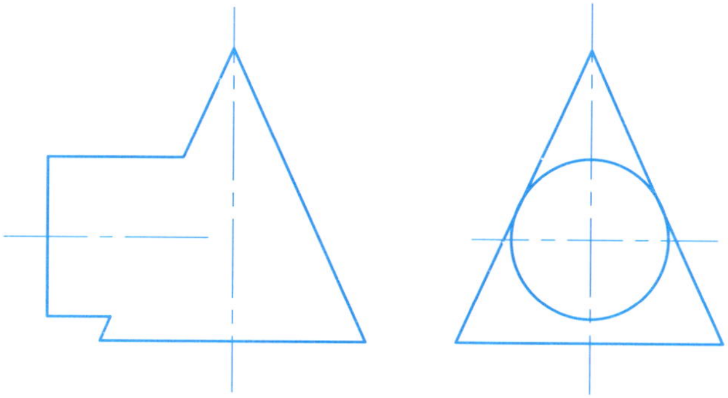

(4)

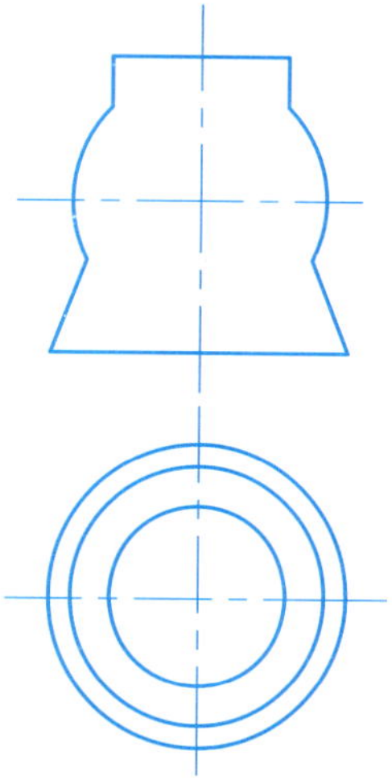

班级　　　姓名　　　学号

第4章 轴测投影

4-1 画正等轴测图并补画第三视图

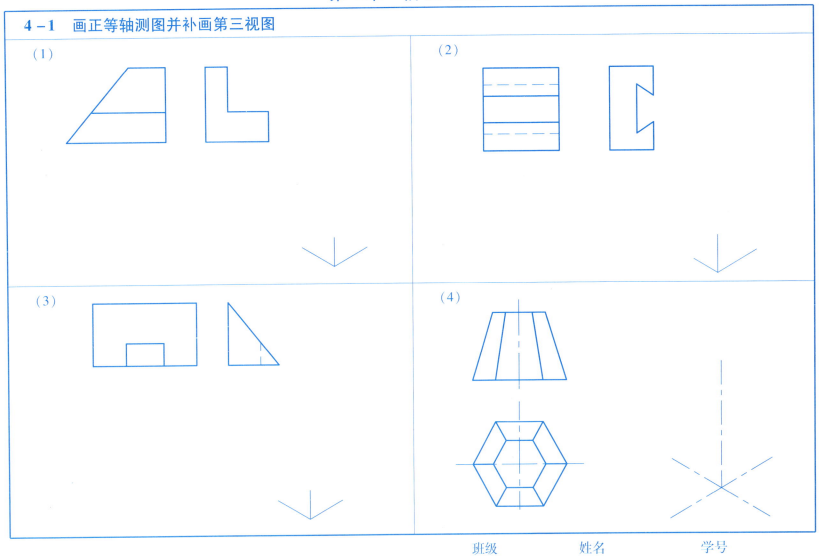

4-2 画正等轴测图并补画第三视图

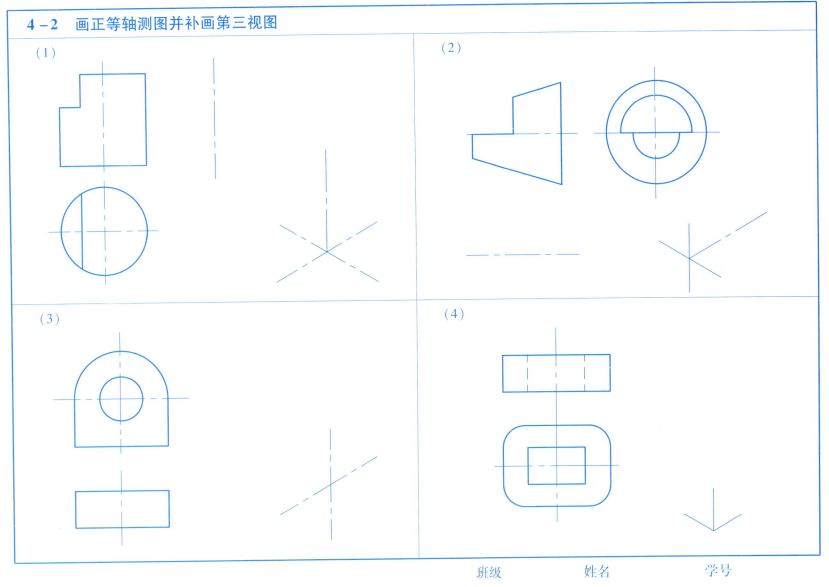

4-3 已知两视图，画斜二等轴测图

(1)

(2)

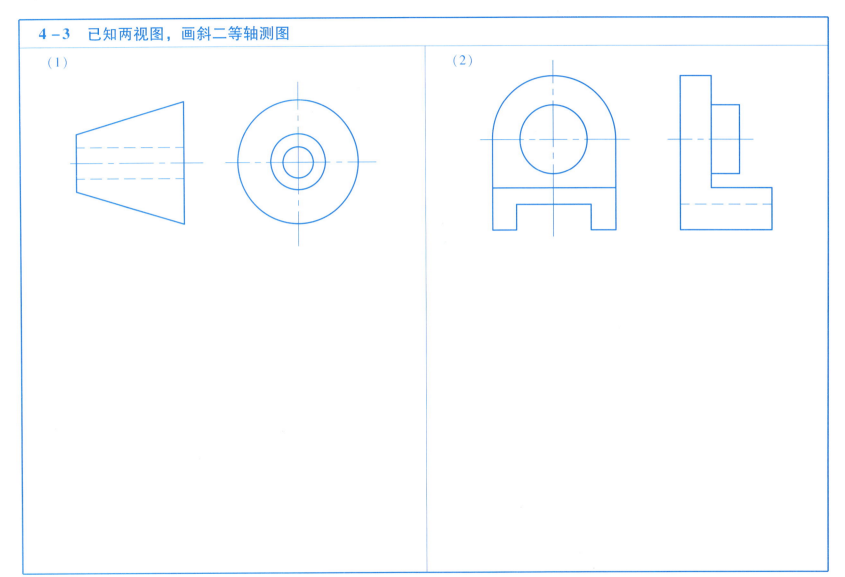

第5章 组合体

5-1 根据立体图绘制组合体三视图

(1)

(2)

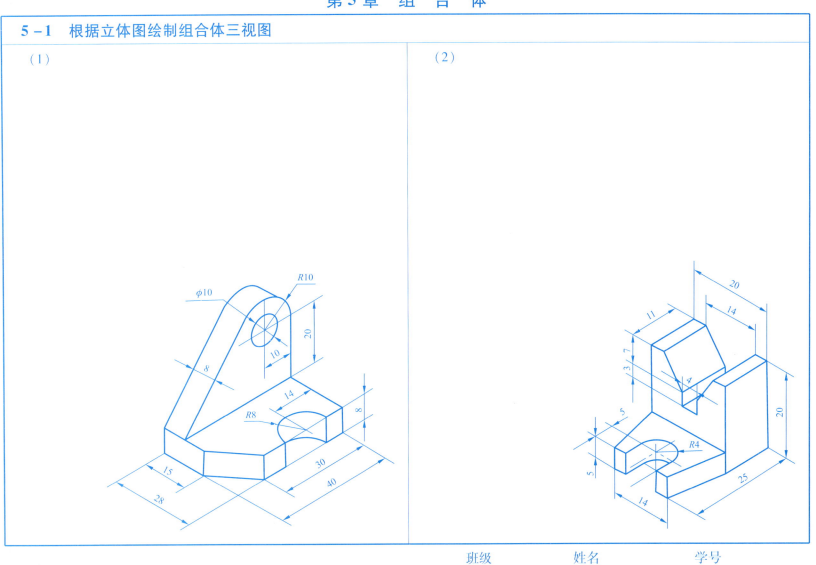

续 5–1　根据立体图绘制组合体三视图

（3）

（4）

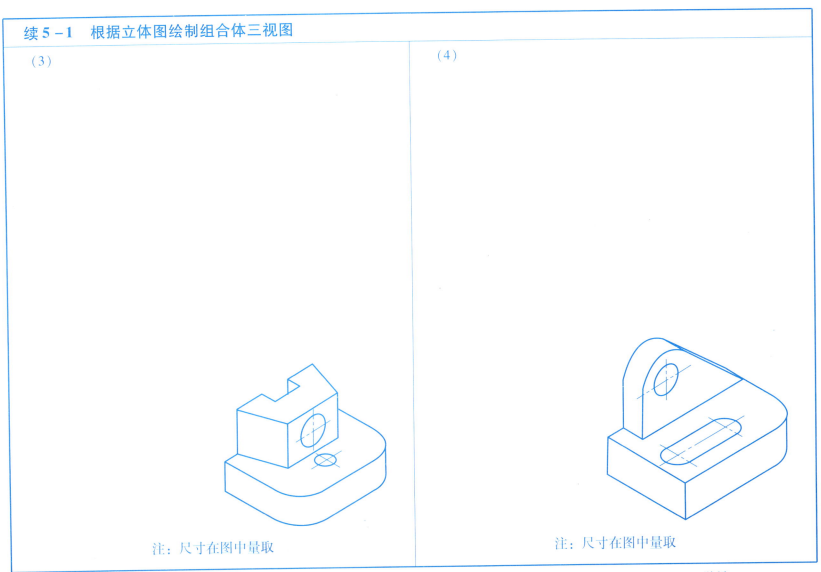

注：尺寸在图中量取

注：尺寸在图中量取

班级　　姓名　　学号

5-2 参考立体图补画组合体的三视图

(1)

(2)

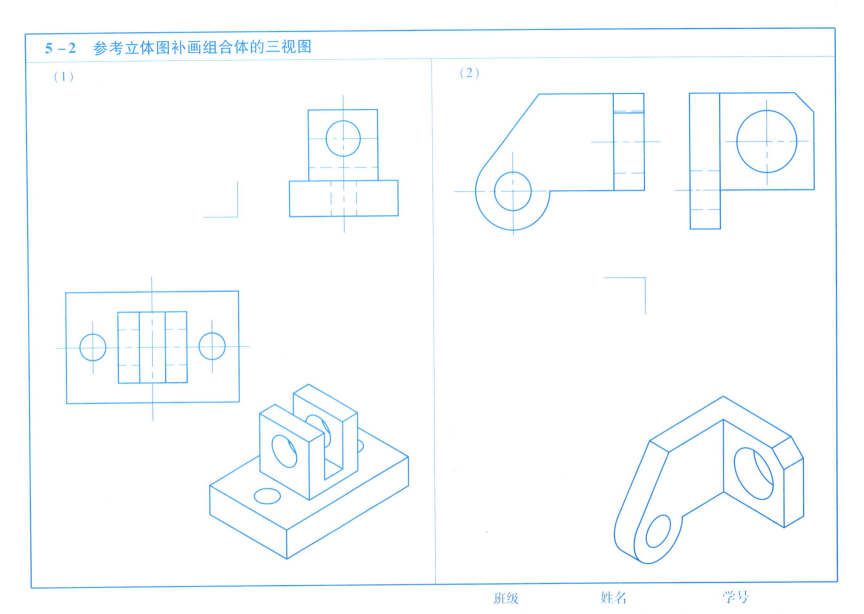

班级　　　姓名　　　学号

续 5-2 参考立体图补画组合体的三视图

(3)

(4)

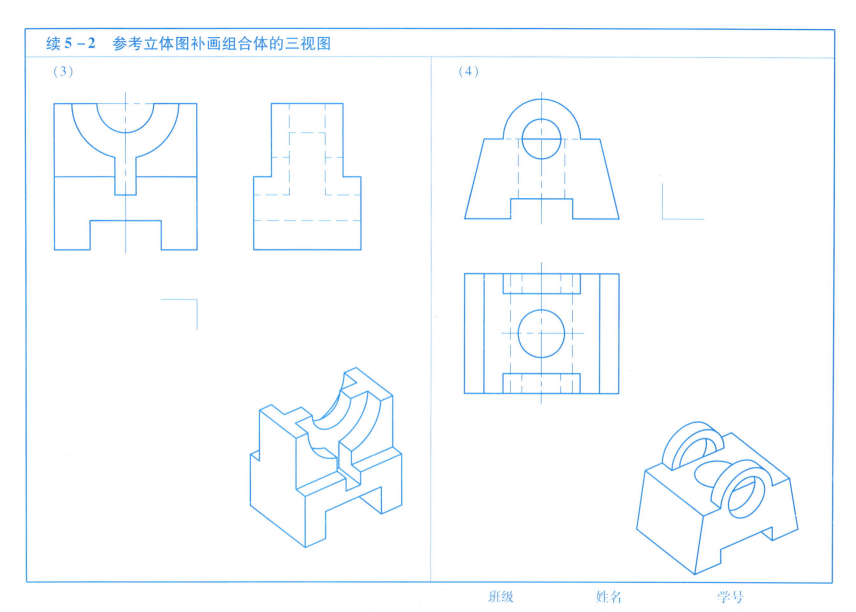

5-3 补画第三视图

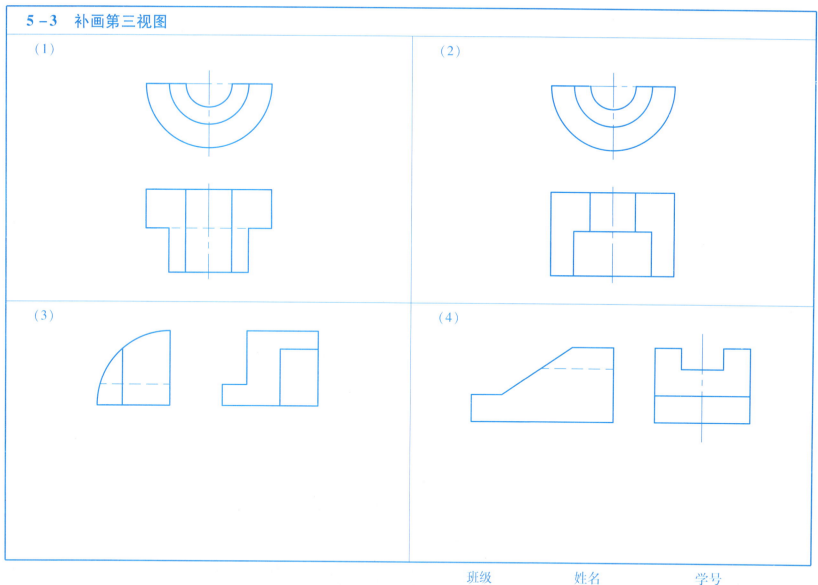

续 5-3 补画第三视图

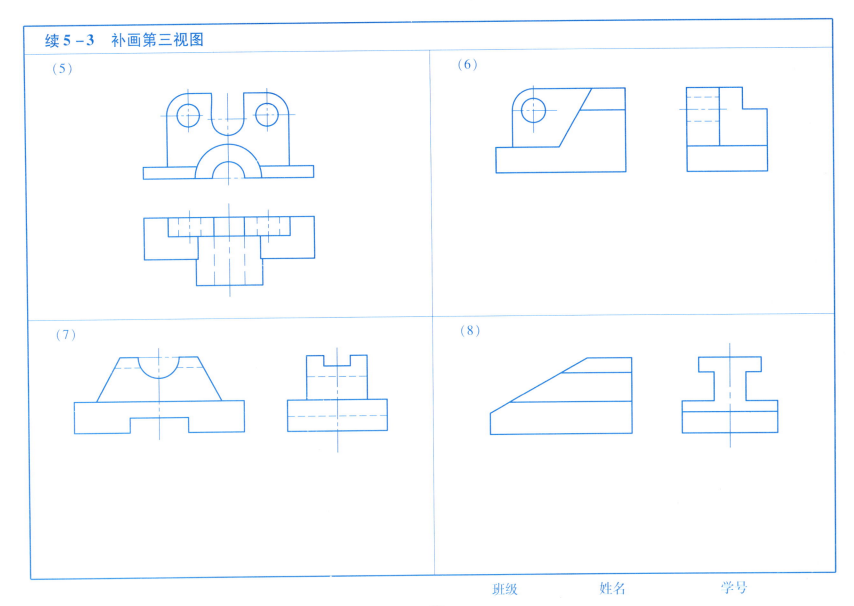

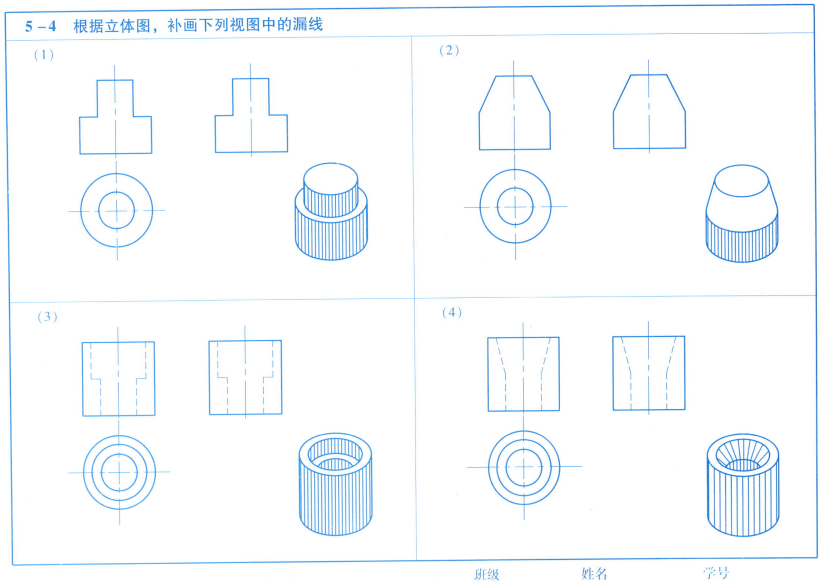

5-5 根据立体图,补画组合体主视图中的漏线

(1) (2)

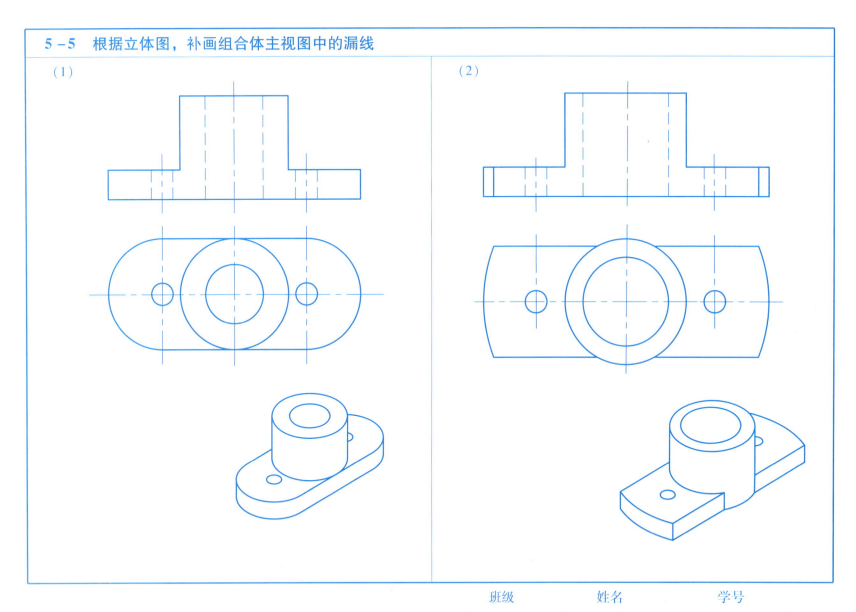

续5-5 根据立体图，补画组合体主视图中的漏线

(3) (4)

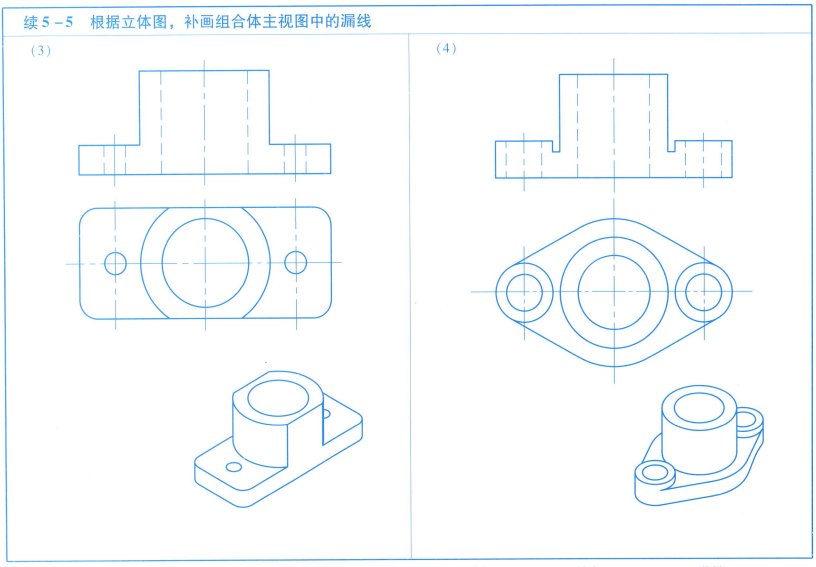

续 5-5 根据立体图,补画组合体主视图中的漏线

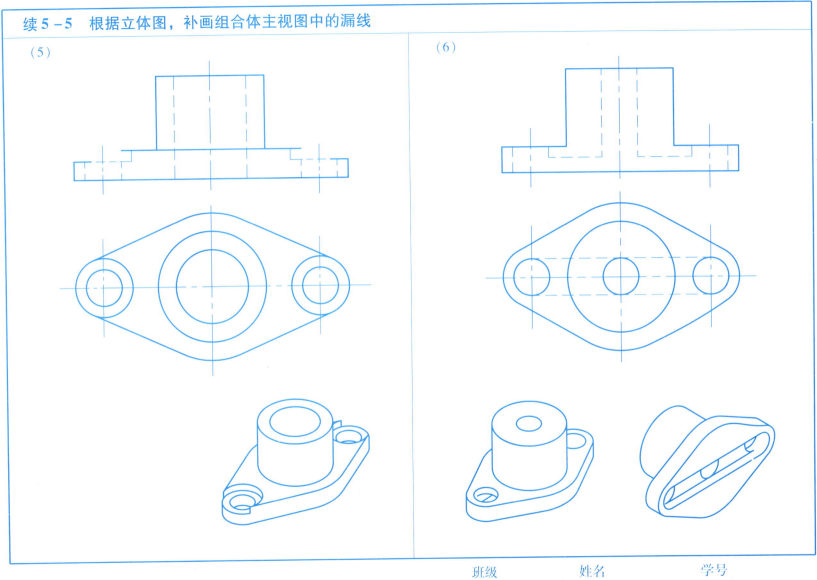

5-6 补画视图中所缺的图线

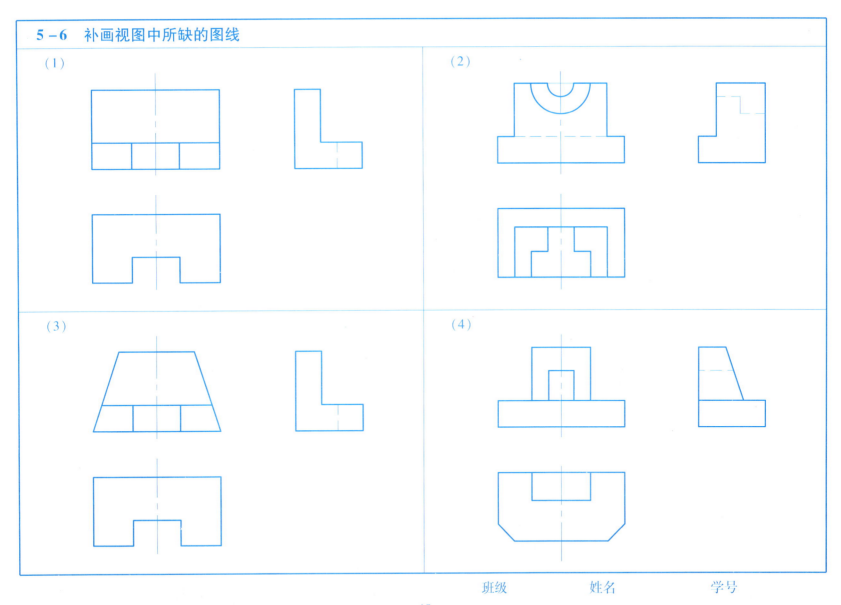

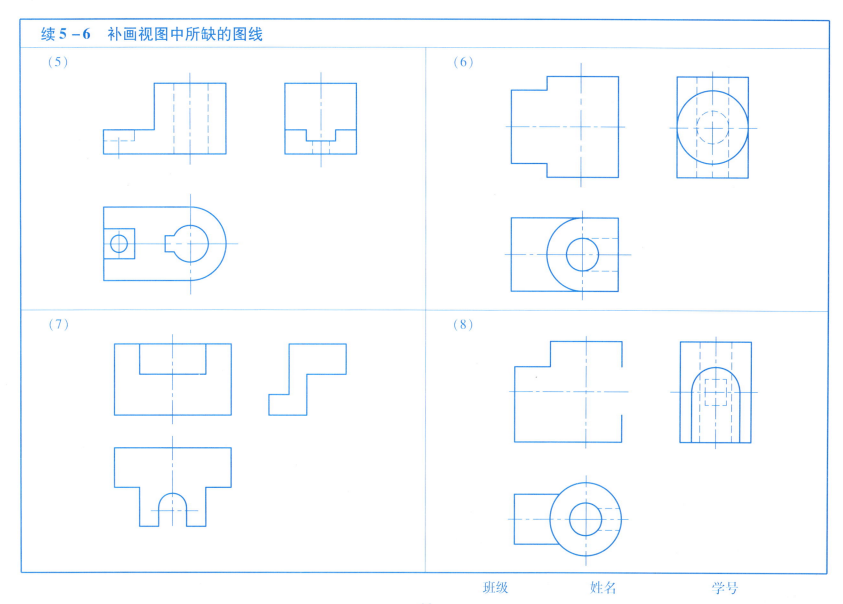

5-7　根据左方分解图尺寸，标出右方组合体图形的尺寸

5-8 组合体三视图画法

一、内容

根据轴测图画组合体三视图，并标注尺寸。

二、目的

1. 掌握运用形体分析法绘制组合体三视图的方法。
2. 掌握组合体尺寸标注的方法。

三、要求

1. 采用 A3 图纸，比例自定。
2. 布局匀称、图线正确清晰、标注合理。
3. 图面整洁、字体工整，严肃认真、一丝不苟。

四、方法及注意事项

1. 对组合体进行形体分析，确定主视图投影方向。
2. 按轴测图所注尺寸确定合理的比例并布置三视图，画各视图的基准线，注意应留出尺寸标注的位置。
3. 完成底稿，清理图面并加深。
4. 注意尺寸标注时不应照搬轴测图，应重新考虑尺寸布置及标注方法，做到清晰、合理、完整。

(1)

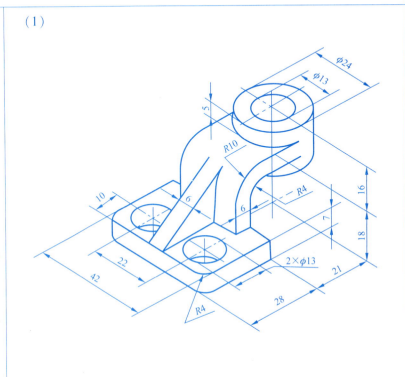

续 5-8　组合体三视图画法

(2)

(3)

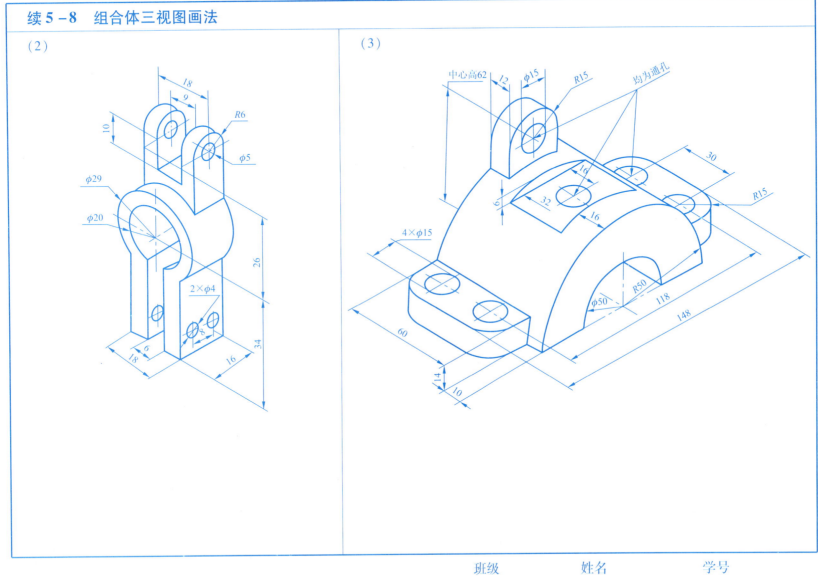

第 6 章 机件的图样画法

6-1 根据机件的三视图补画其余三个视图

6-2　根据轴测图和主视图，按箭头方向画出局部视图和斜视图，并填空说明视图名称

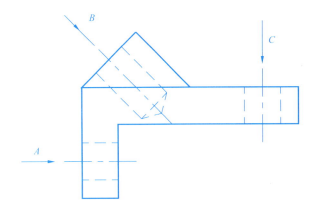

A 向投影是____视图；
B 向投影是____视图；
C 向投影是____视图。

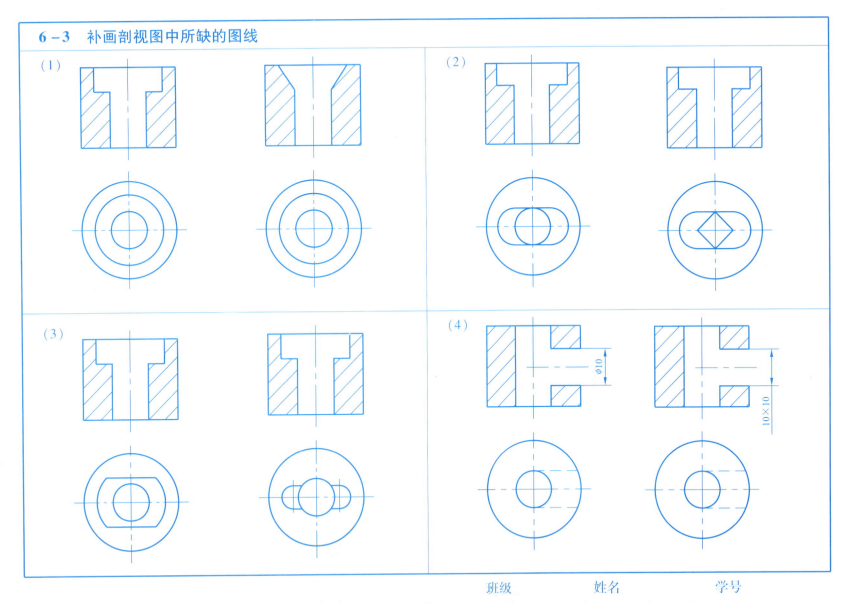

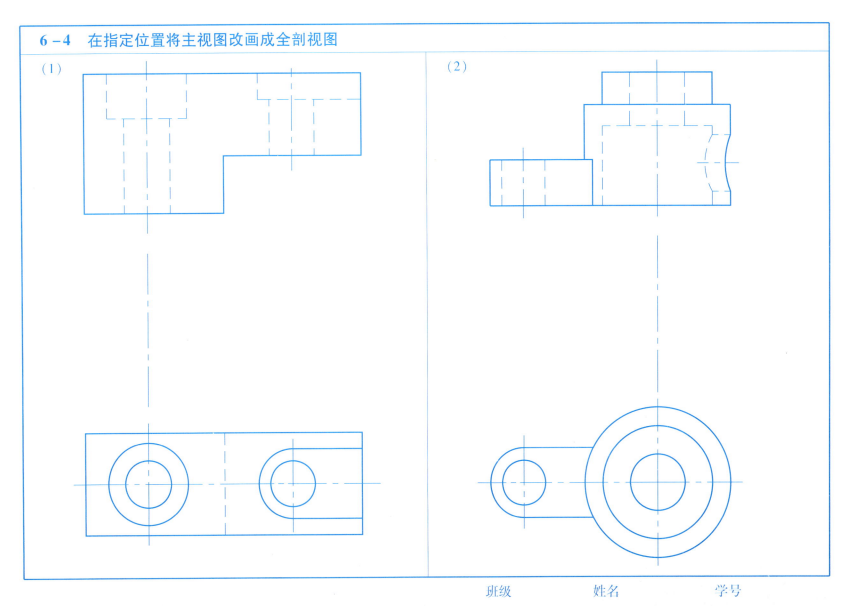

6-5 在指定位置将主视图画成半剖视图

(1)

(2)

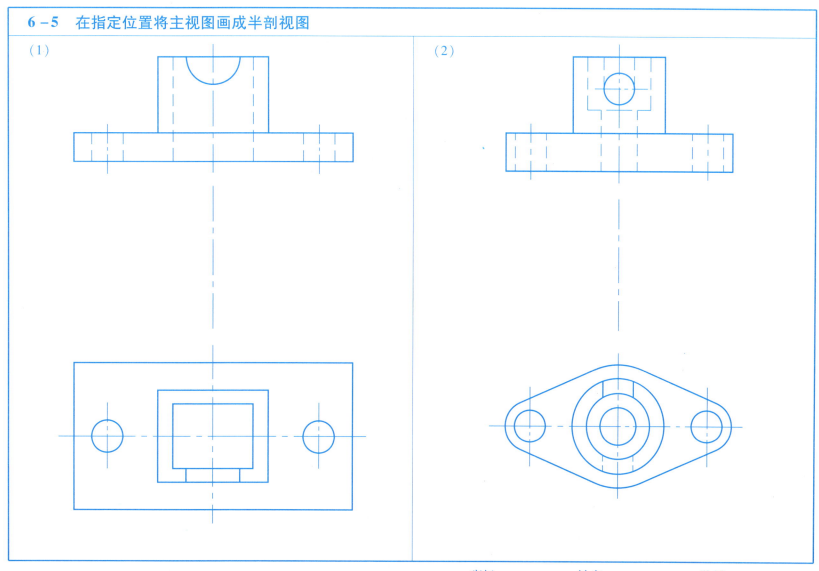

6-6 将主视图画成半剖视图，并补画出全剖左视图

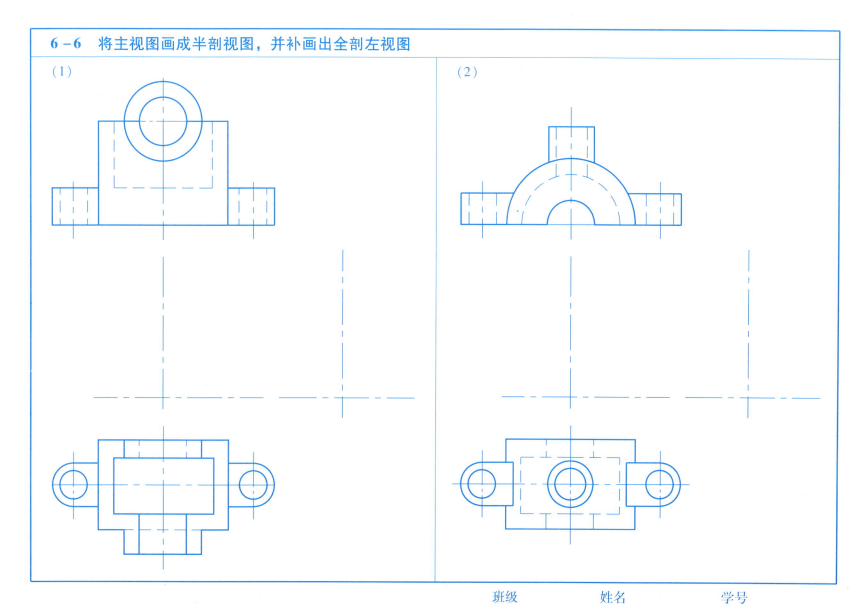

6-7 将下列机件的相应视图改画成局部剖视图

(1)

(2)

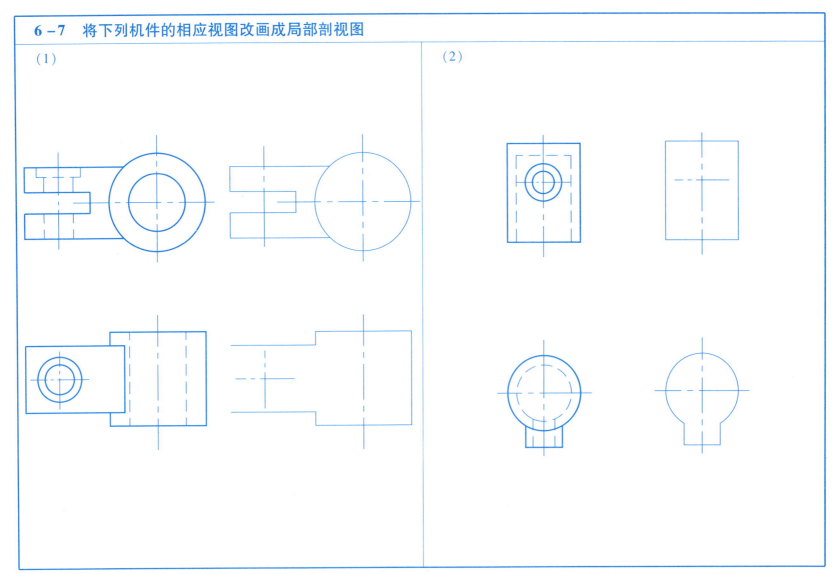

6-8　在指定位置画出 A—A、B—B 全剖视图

6-9　用几个平行的剖切平面将下列主视图画成全剖视图

(1)

(2)

6-10 将主视图画成用几个相交的剖切平面剖切所得的视图，并进行标注

(1)

(2)

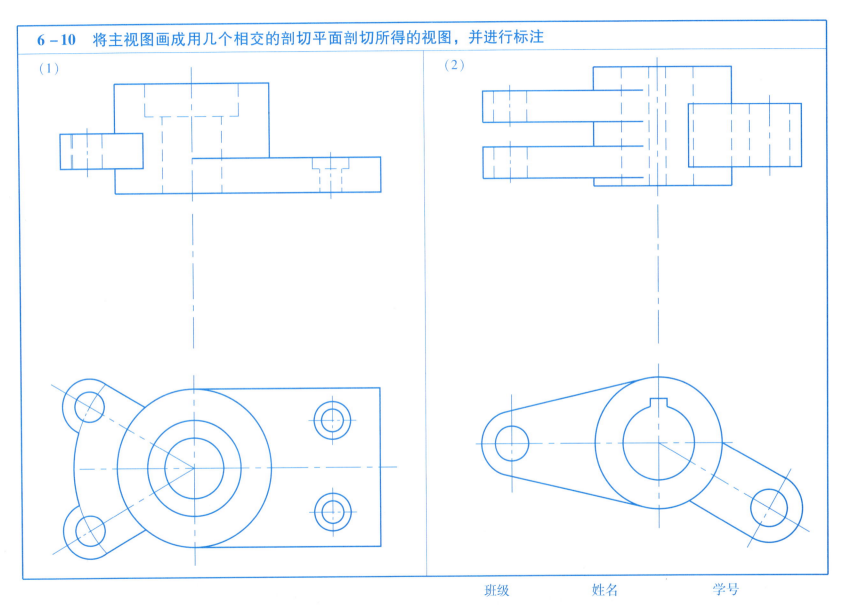

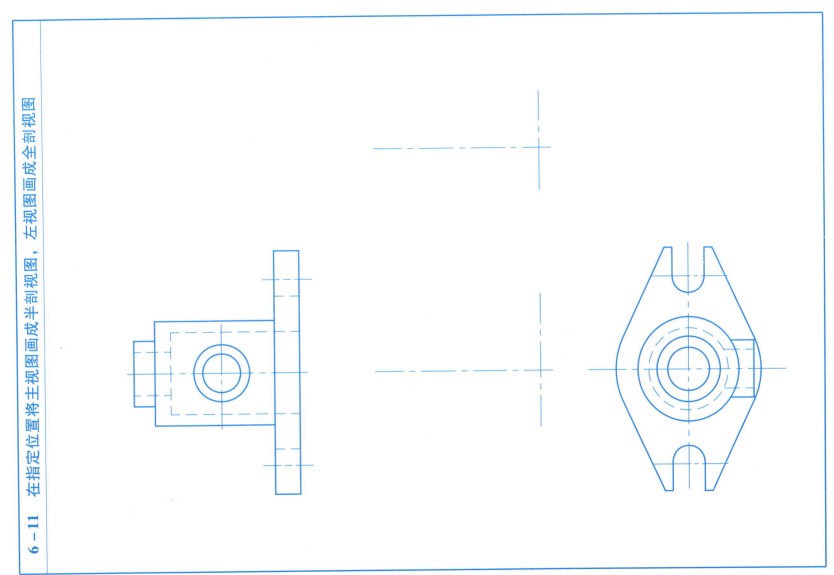

6-12 找出正确的断面图

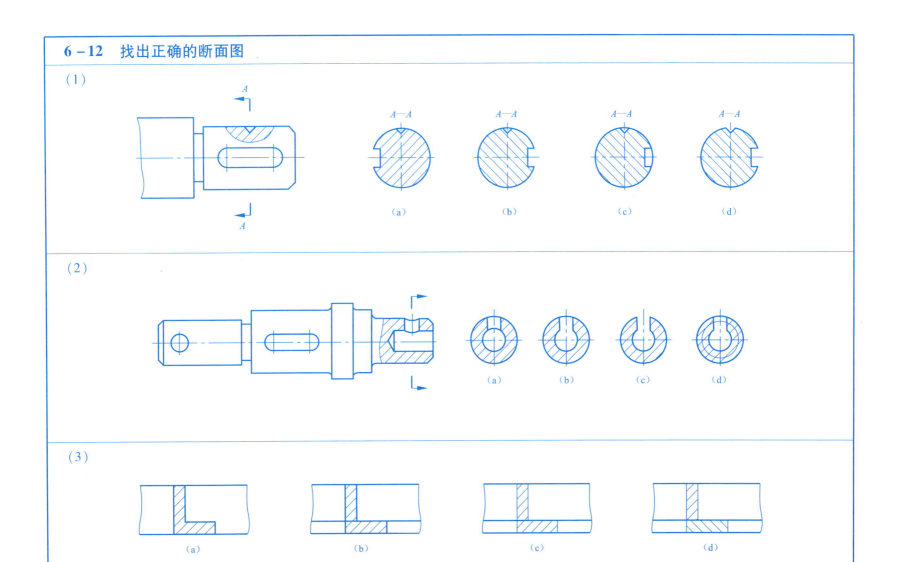

6-13 画出指定位置的断面图（键槽深 4 mm）

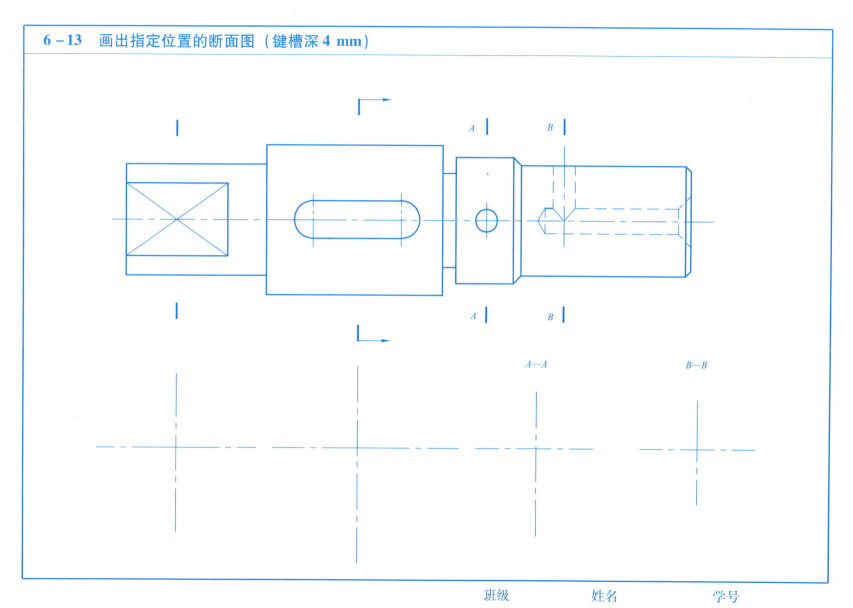

6-14 找出正确的图形

(1)

(2)

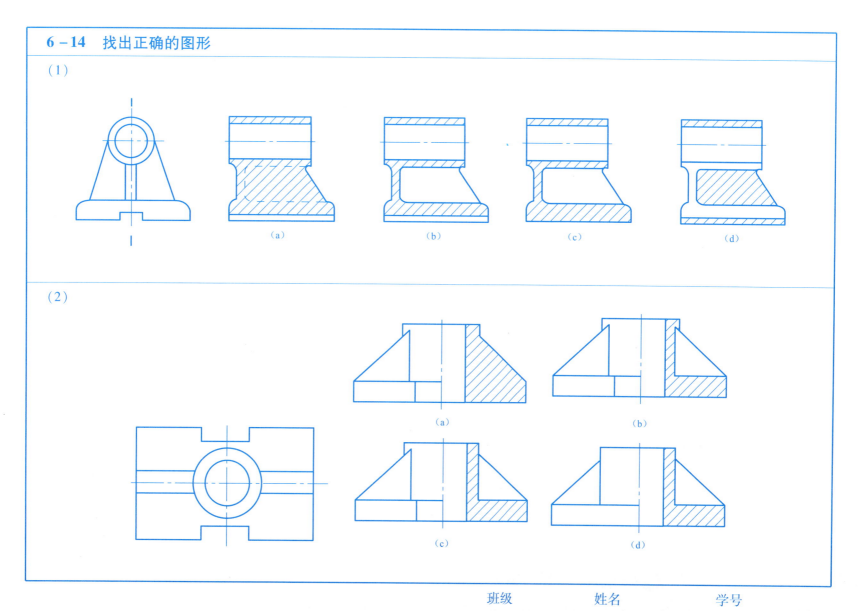

6-15 在指定位置将主视图画成全剖视图

(1)

(2)

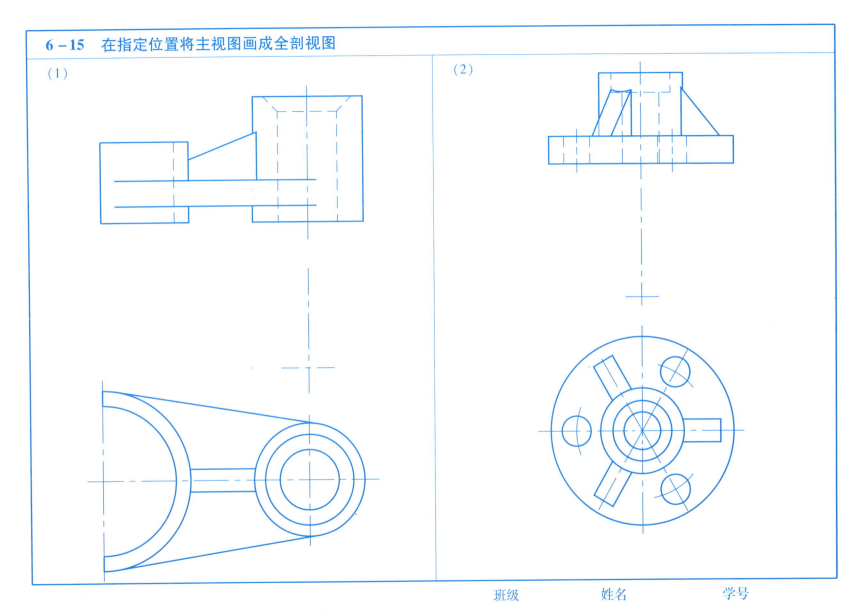

6-16 表达方法综合运用

一、内容

根据轴测图选择合适的表达方法，并标注尺寸。

二、目的

1. 练习机件综合表达方法。

2. 掌握剖视图的画法。

三、要求

1. A3 图纸。

2. 合理确定绘图比例。

3. 布局合理，图线正确、清晰，标注正确。

四、作业指导

1. 在看清机件形状的基础上，考虑选用哪些视图、剖视图。确定怎样剖切。选用视图时，可考虑几种方案，进行比较，从中选择适当的方案。

2. 剖视图应直接画出，而不是先画成视图再改画成剖视图。

3. 剖面线最好不打底稿，一次描深画成。

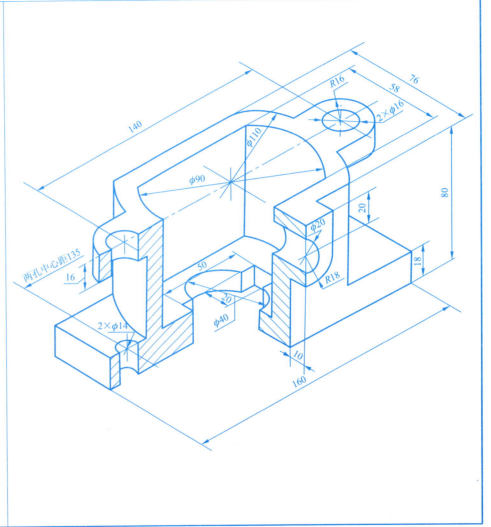

第7章 标准件、常用件

7-1 在下图中，标注出螺纹的规定标记

1. 粗牙普通螺纹，大径为20，螺距为2.5，右旋，中径和顶径公差带代号相同，外螺纹为6g，内螺纹为6H，都是中等旋合长度。

2. 细牙普通螺纹，大径为16，螺距为1，左旋，中径公差带代号为5g，顶径公差带代号为6g，短旋合长度。

3. 梯形螺纹，大径为20，导程为8，双线，左旋，中径公差带代号为8e，中等旋合长度。

4. 非螺纹密封的管螺纹，尺寸代号为3/4，右旋，外螺纹是A级。

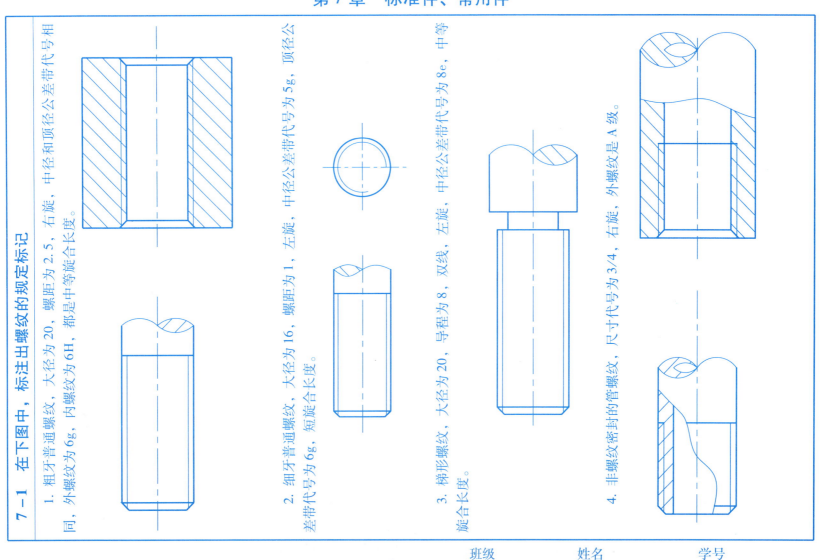

7-2　指出下列图中的错误（包括螺纹的画法和标注），将正确的画在下边指定的位置（均为粗牙普通螺纹）

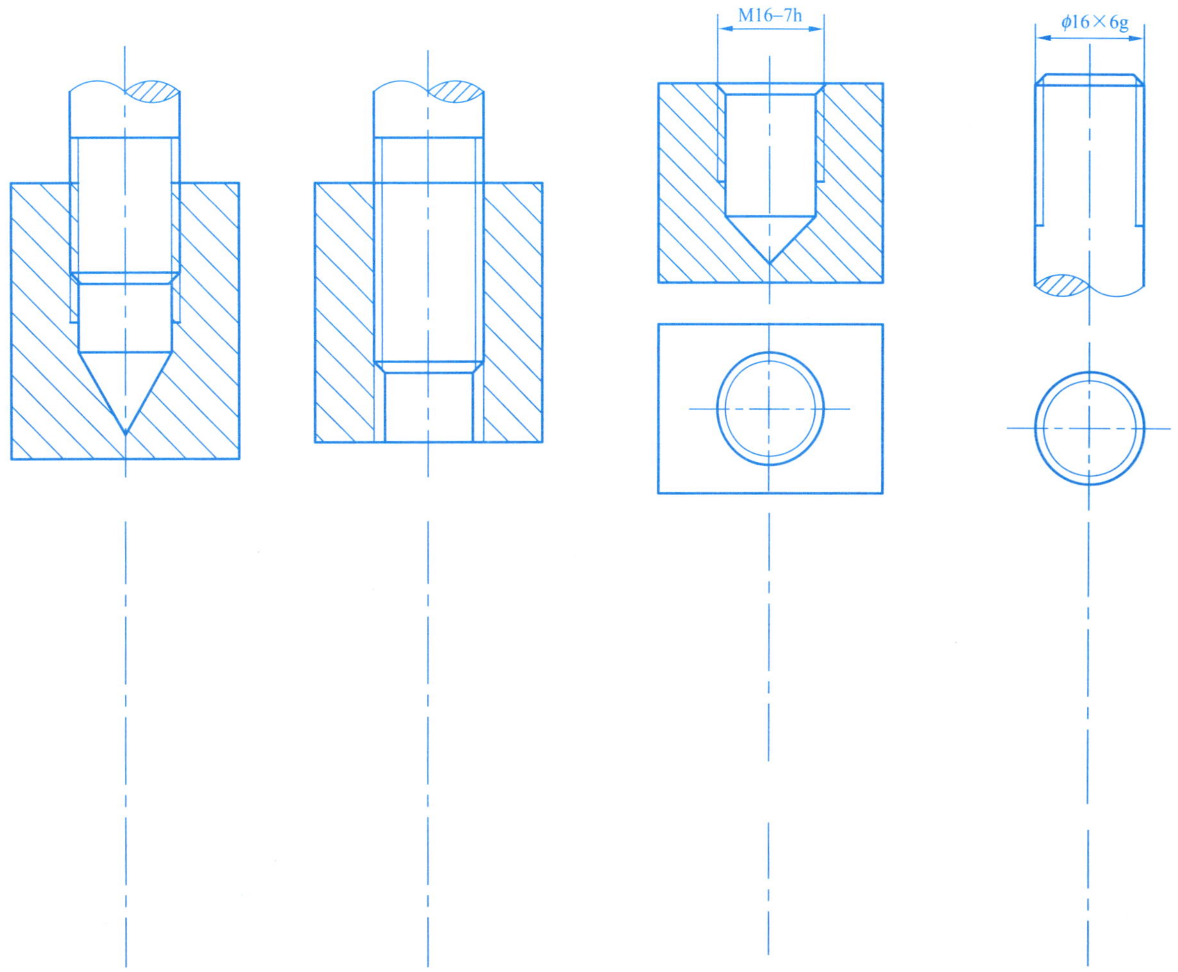

M16-7h

φ16×6g

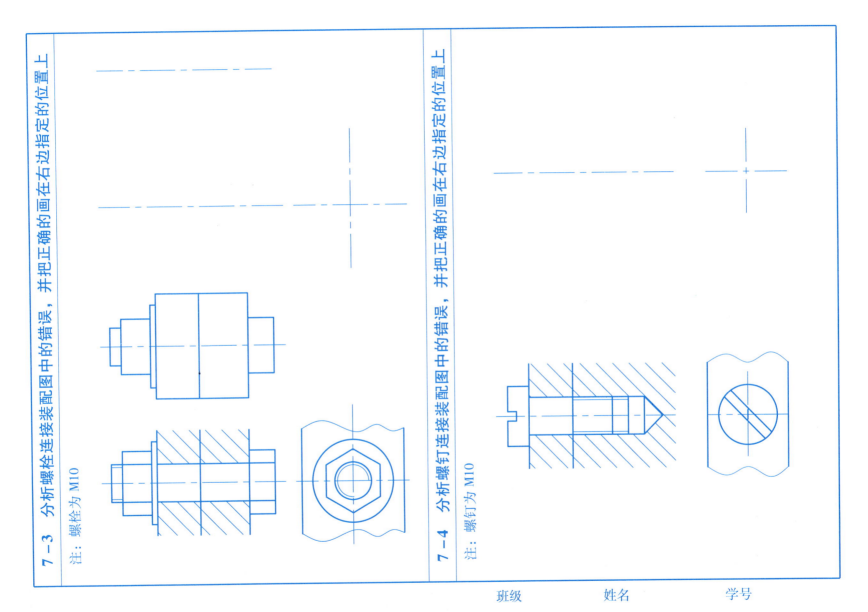

7−5 螺纹连接

一、内容

用以下三种标准件连接支架、底板两零件,绘制其螺栓连接装配图。

螺栓 GB 5782—2000 M10×l(l 计算后取标准值)

螺母 GB 6170—2000 M10

垫圈 GB 97.1—2000 10

二、要求

掌握螺栓连接装配图的比例画法。

三、有关作业的说明和注意点

1. 选用 A3 图纸。

2. 根据支架和底板零件图中尺寸数值,按比例 2∶1 画图。主视图画成全剖视图,俯视图和左视图均不剖。

3. 在图纸的右下方写出螺栓、螺母、垫圈的规定标记。

4. 画图时,螺栓公称长度(l)可按比例画出,标记时,l 应为标准值。

5. 图名:螺栓连接。

图号:由教师指定。

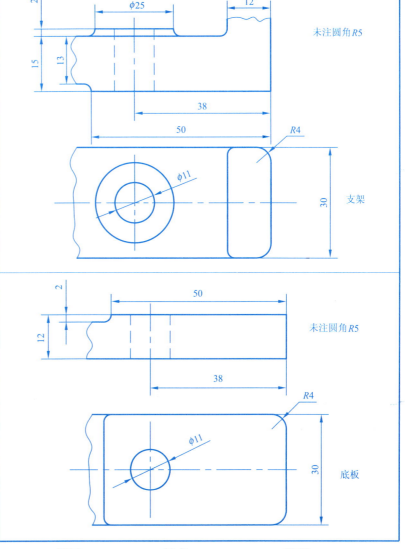

班级　　　姓名　　　学号

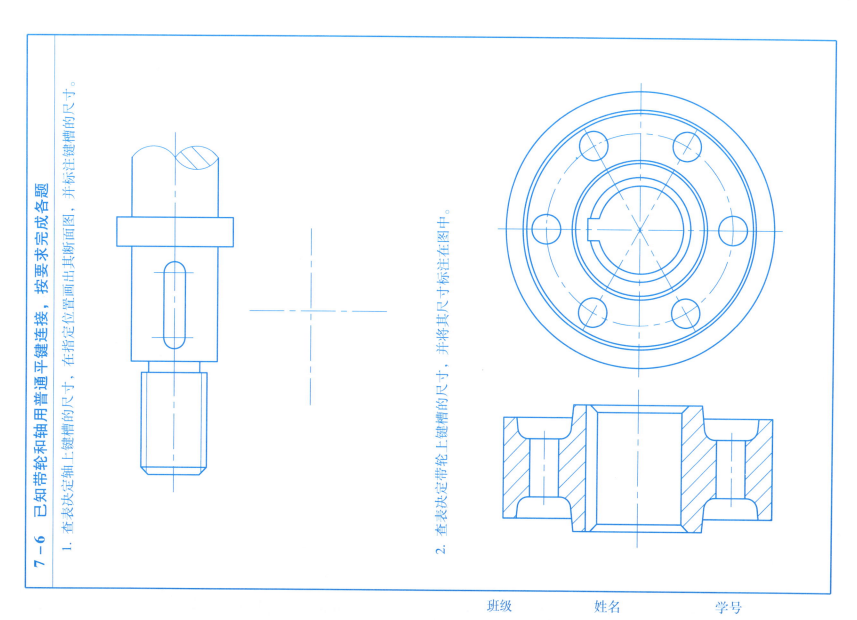

续 7-6　已知带轮和轴用普通平键连接，按要求完成各题

3. 完成第 1 题轴和第 2 题带轮用普通平键连接后的装配图（将键槽转到上方，主视图为全剖视，A—A 为断面图）。

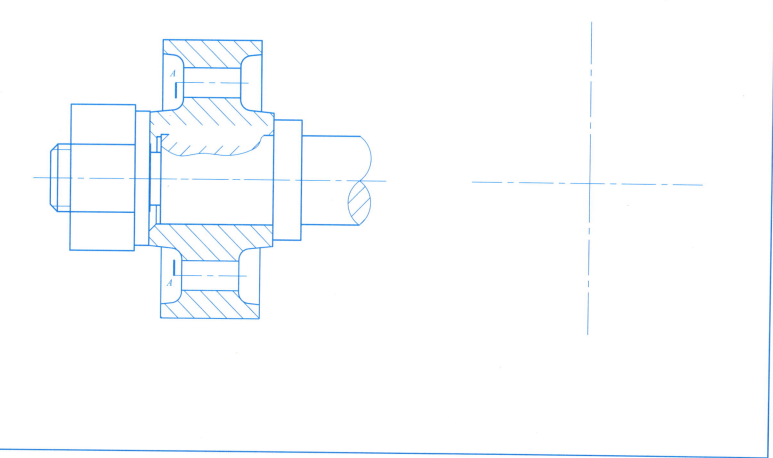

班级　　　姓名　　　学号

7-7 单个齿轮画法

已知：直齿圆柱齿轮的主要参数为：模数 $m=2.5$，齿数 $z=18$，制有平键槽的轴孔直径为 18 mm。

要求：按 1:1 画出该齿轮的主、左视图（主视图画成全剖视图），并标注尺寸。

7-8 齿轮啮合画法

已知一对直齿圆柱齿轮的主要参数为：模数 $m = 2.5$，齿数 $z_1 = 18$，$z_2 = 24$，轴孔带有平键槽，直径为 $D_1 = 18$ mm，$D_2 = 20$ mm。要求按 1:1 比例画出直齿圆柱齿轮的啮合图（主视图画成全剖视图），并标中心距。

7-9 弹簧画法

已知圆柱螺旋压缩弹簧的外径为56,弹簧材料直径为6,节距为12,有效圈数为7.5,右旋。要求按1:1的比例画出弹簧的主视图(全剖),并标注尺寸。

班级　　　姓名　　　学号

7-10 销连接画法

已知轮和轴用圆柱销连接，圆柱销的直径为 6，直径公差带代号为 h11，长度为 35，标准编号为 GB/T 119.1—2000。要求完成下图左端圆柱销连接装配图的剖视图，并写出销的规定标记。

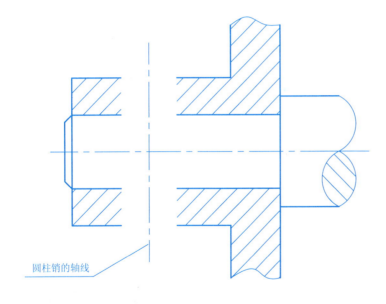

圆柱销的轴线

7-11　查表画出指定的滚动轴承，一半用规定画法，另一半用通用画法

1. 深沟球轴承 6208。

2. 推力球轴承 51208。

3. 圆锥滚子轴承 30208。

班级　　　姓名　　　学号

第8章 零件图

8-1 表面粗糙度

1. 分析图（a）中表面粗糙度标注的错误，并在图（b）中正确标注。

续 8-1　表面粗糙度

2. 将给出的表面粗糙度代号标注在图上。

（1）Ra 值各圆柱面取 0.8，倒角、锥面取 6.3，各平面取 12.5。

（2）轮齿齿侧（工作表面）Ra 要求为 3.2，键槽双侧为 6.3，轴孔为 1.6，其余为 12.5。

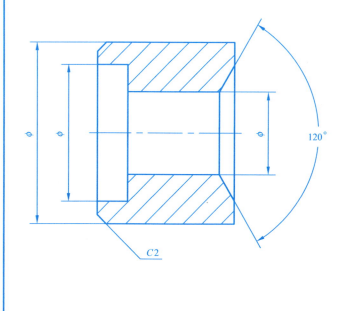
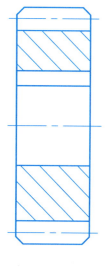
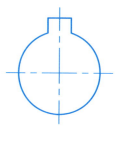

班级　　姓名　　学号

8-2 极限与配合

1. 根据配合代号，查表标出孔和轴的偏差值，并填空。

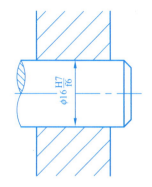

孔：最大极限尺寸为_____
　　最小极限尺寸为_____
轴：最大极限尺寸为_____
　　最小极限尺寸为_____

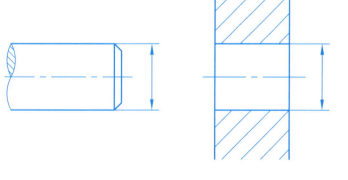

2. 根据孔和轴的偏差值查表，标出配合代号。

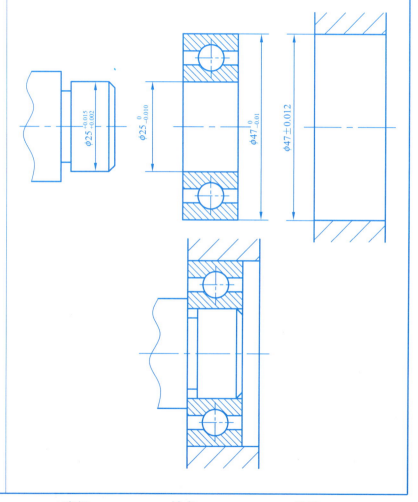

续 8-2 极限与配合

3. 根据孔和轴的偏差值查表，标出配合代号。

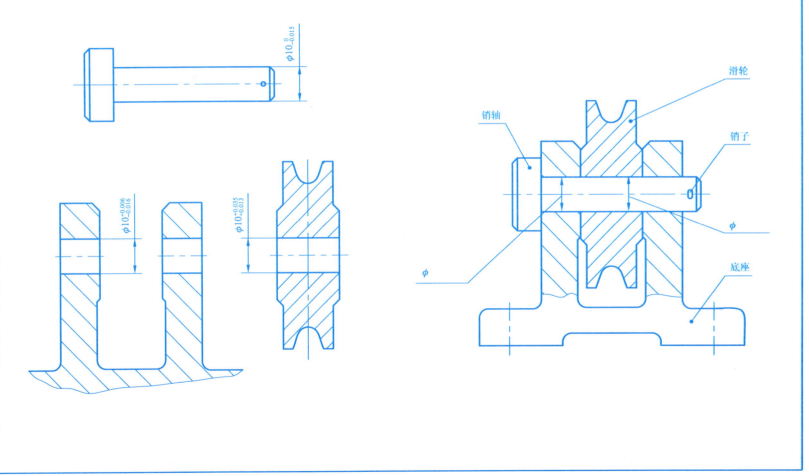

8-3 形位公差

1. 用文字说明图中框格标注的含义。

(1)

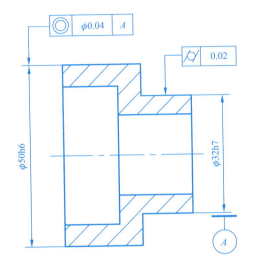

| ◎ | φ0.04 | A | 表示 _____

| ⌀ | 0.02 | 表示 _____

(2)

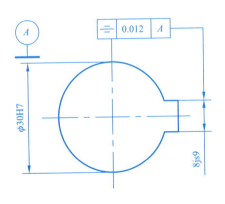

| ═ | 0.012 | A | 表示 _____

续 8-3　形位公差

2. 把文字说明的形位公差标注在图上。

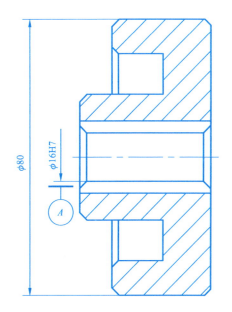

（1）φ80 圆柱右端面平面度公差值要求为 0.02。
（2）φ80 圆柱右端面对 φ16 轴线的垂直度公差要求为 0.04。
（3）φ80 圆柱面对 φ16H7 轴线的圆跳动公差要求为 0.025。
（4）φ80 圆柱左端面对右端面的平行度公差要求为 0.02。

8-4 读零件图（一）

看懂轴的零件图，回答下列问题。

1. 零件的名称为_____、比例为_____、数量为_____、材料是_____。

2. 图中采用的表达方法有_____、_____、_____、_____。

3. 图中所画的断面图是_____断面。标注时只用剖切符号表示剖切位置，省略箭头是因为_____，省略字母是因为_____。

4. 把用文字说明的形位公差用框格标注在图上。

5. 分析尺寸，找出该轴长、宽、高方向的尺寸基准。

6. 图中 2.5∶1 的含义是指_____尺寸与_____尺寸之比。

7. A4/10 的含义是_____，指引线的含义是_____。

8. $\phi 32_{-0.087}^{-0.025}$ 的最大极限尺寸为_____，最小极限尺寸为_____，公差为_____。

9. M22 的含义为_____。

续 8-4 读零件图（一）

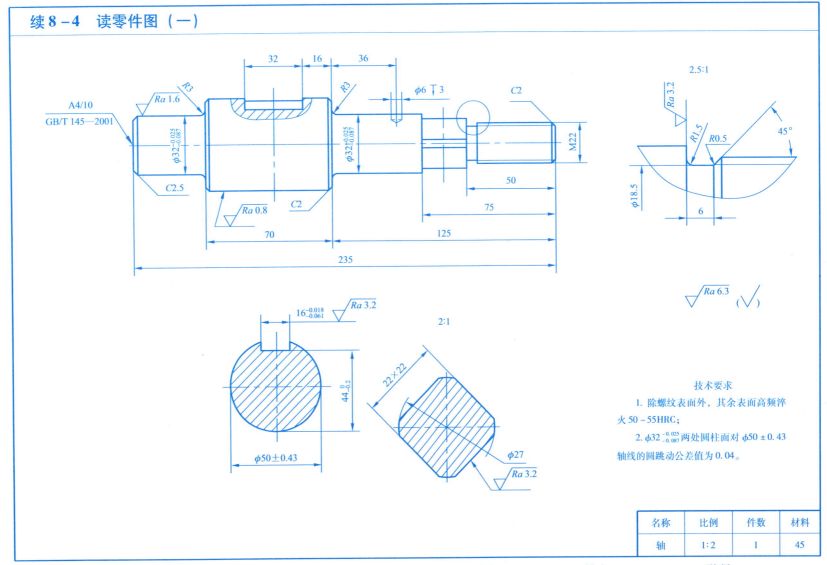

8-5　读零件图（二）

看懂液压缸端盖的零件图，回答下列问题。

1. 零件的名称为_____、比例为_____、数量为_____、材料是_____。

2. 该零件的左端凸缘有几个螺孔，尺寸为_____。左端面有_____个沉孔，尺寸为_____。

3. 该零件的表面粗糙度有_____种不同的要求，最高为_____，最低为_____。

4. $Rc1/4$ 的含义为_____。

5. ◎ | $\phi0.002$ | A 的含义为_____。

6. 画出该零件的右视图。

续 8-5　读零件图（二）

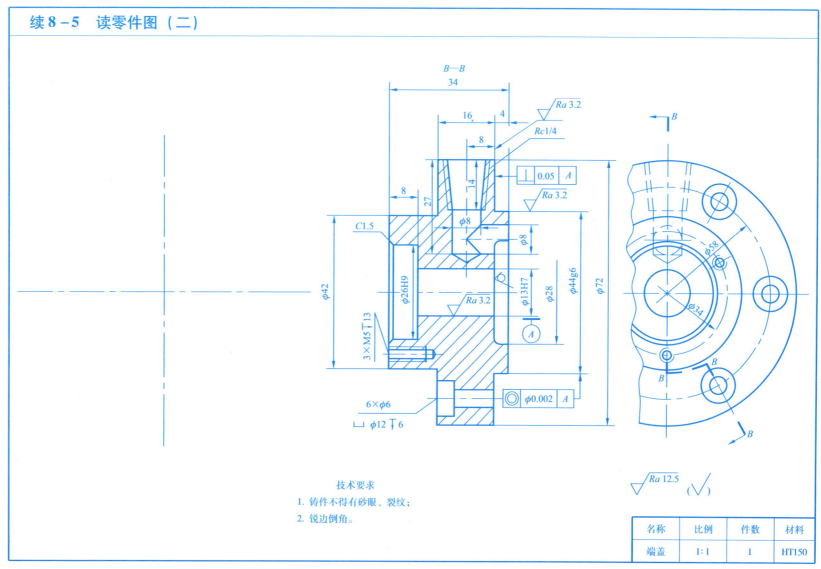

8-6 读零件图（三）

看懂弯臂零件图，并回答下列问题。
1. 零件的名称_____、比例_____、数量_____、材料_____。该零件属于四种典型零件中的_____类零件。
2. 图中采用的表达方法有_____、_____、_____、_____。
3. 图中所画的断面图是_____断面。
4. 图中标注的表面粗糙度值有_____种，其中_____处要求最高，值为_____，要求最低处粗糙度代号为_____。
5. 分析尺寸，找出该零件长、宽、高方向的主要尺寸基准，并在图中标注出来。
6. 画出 2×M12 两螺孔在左视图中的中心线。
7. 主视图中宽 5 mm 的槽，在左视图中将其投影补画完整。
8. 连接板的定形尺寸有_____，定位尺寸有_____。
9. ϕ80 圆筒后端面与 ϕ45 前端面之间的距离为_____。

续 8-6 读零件图（三）

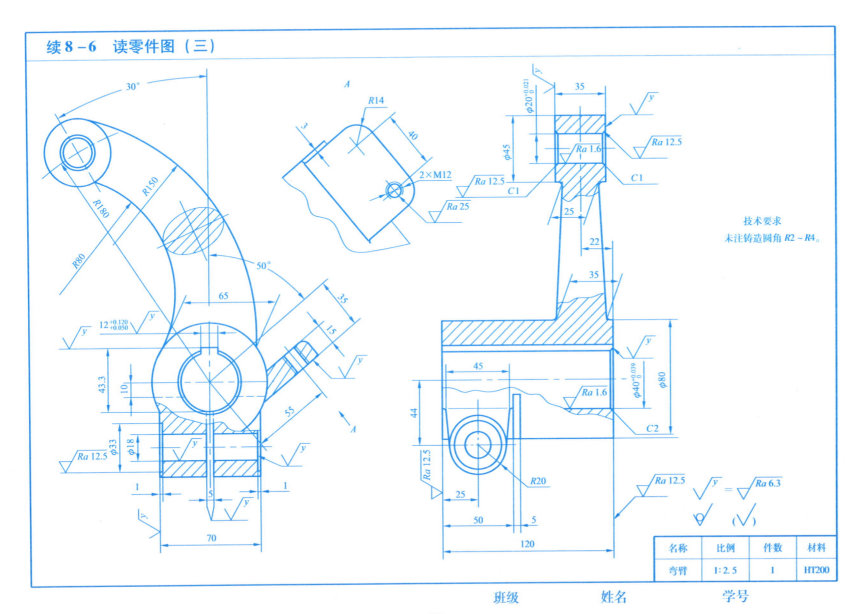

8-7 读零件图（四）

看懂阀体零件图，并回答下列问题。

1. 零件的名称_____、比例_____、数量_____、材料_____。该零件属于四种典型零件中的_____类零件。材料的含义为_____。

2. 零件共用了_____个图形，_____种表达方法。

3. 在图中标出长、宽、高三个方向尺寸的主要基准。

4. | ∥ | 0.03 | F | 表示_____。

5. 图中标注的表面粗糙度值有_____种，其中_____处要求最高，值为_____，要求最低处粗糙度代号为_____。

6. M36 表示_____。

7. 计算出 φ16 孔的长度为_____，φ20 孔的长度为_____。

8. 零件上总共要加工_____个螺钉孔，尺寸为_____。

9. 对该零件进行时效处理的目的是_____。

续8-7 读零件图（四）

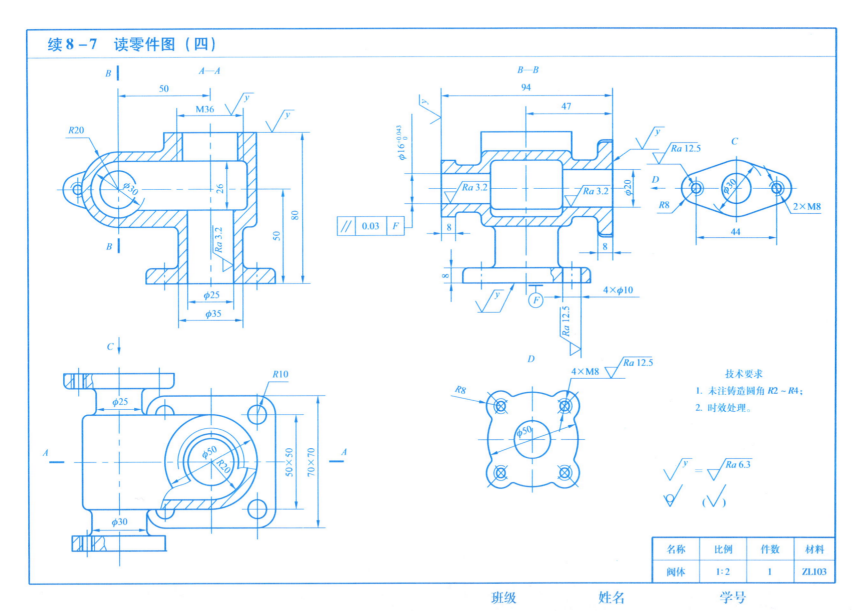

第9章 装 配 图

9-1 根据零件图画装配图（一）

根据千斤顶的装配示意图、零件图拼画装配图。

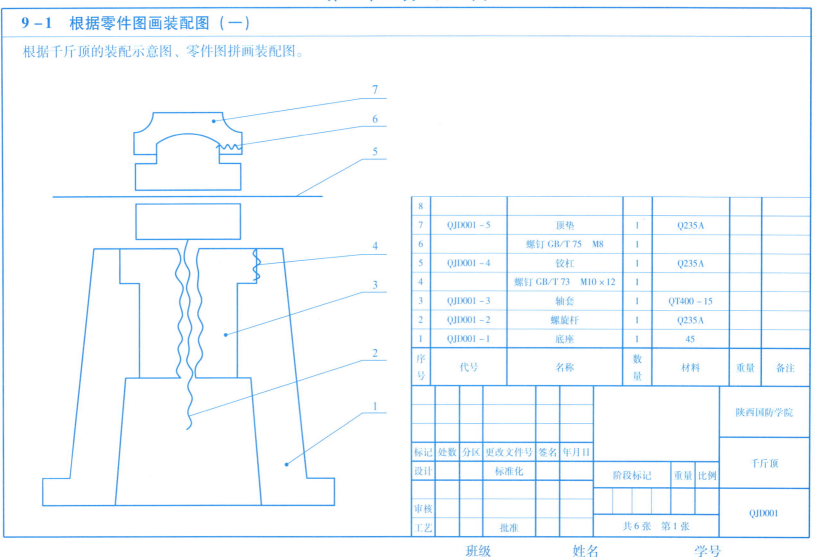

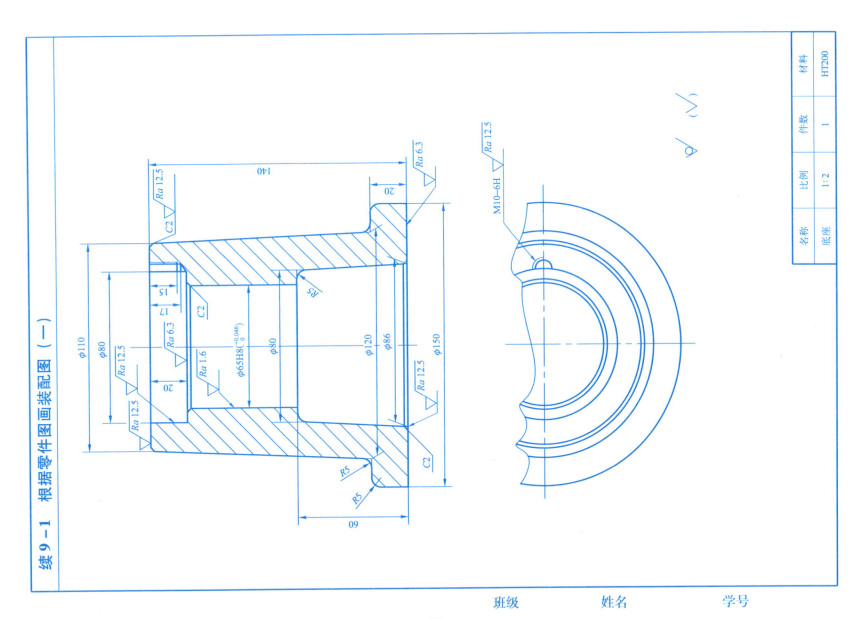

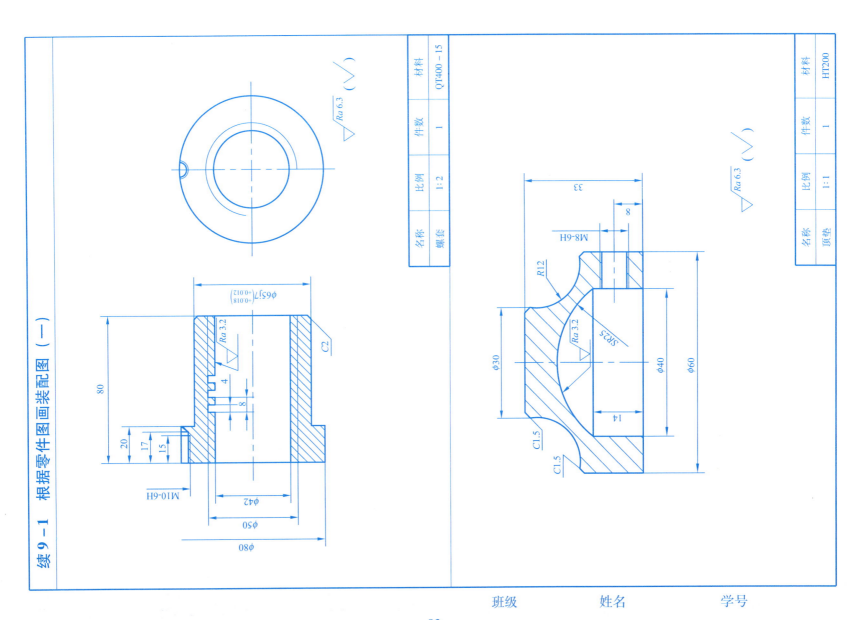

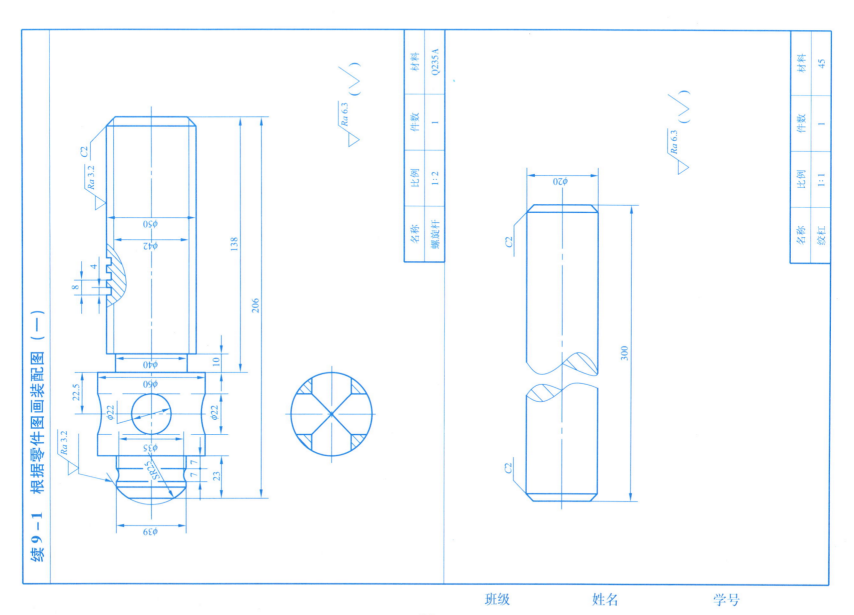

9-2 根据零件图画装配图（二）

根据铣刀头的装配示意图、零件图拼画装配图。

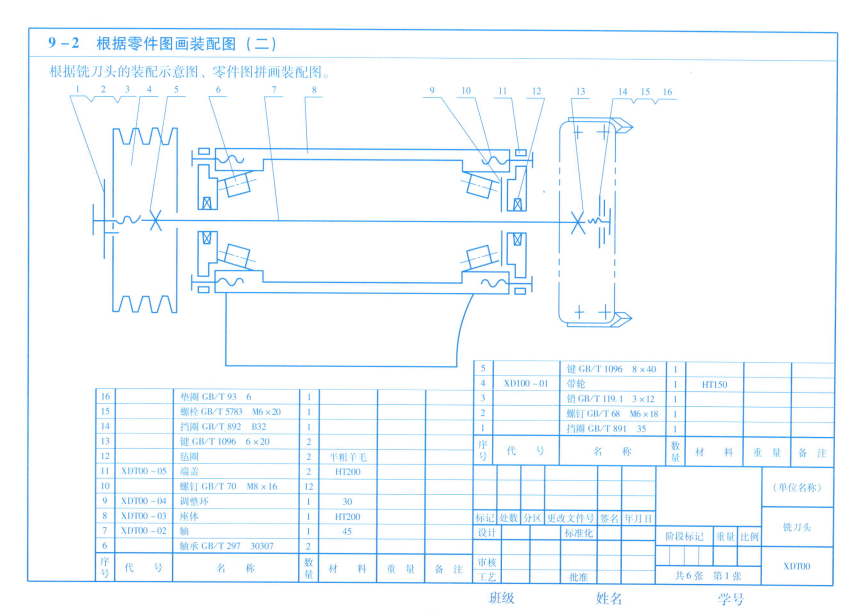

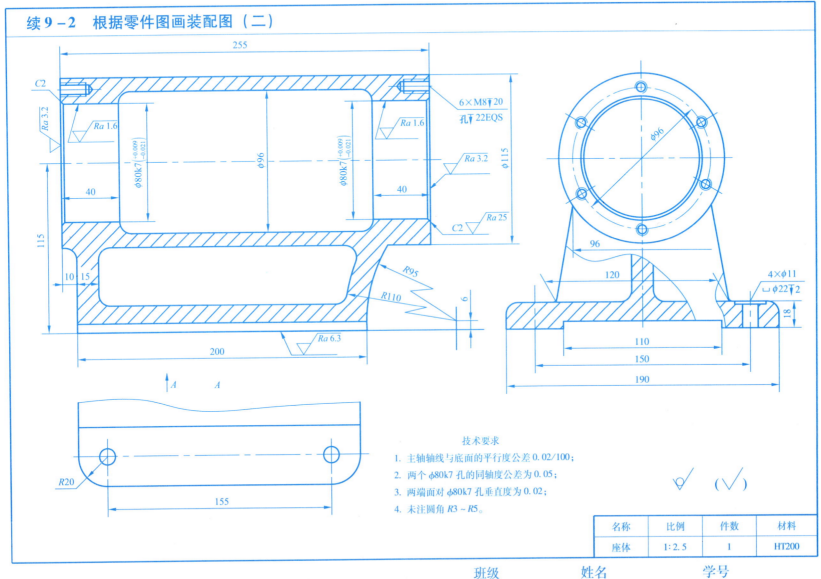

续9-2 根据零件图画装配图(二)

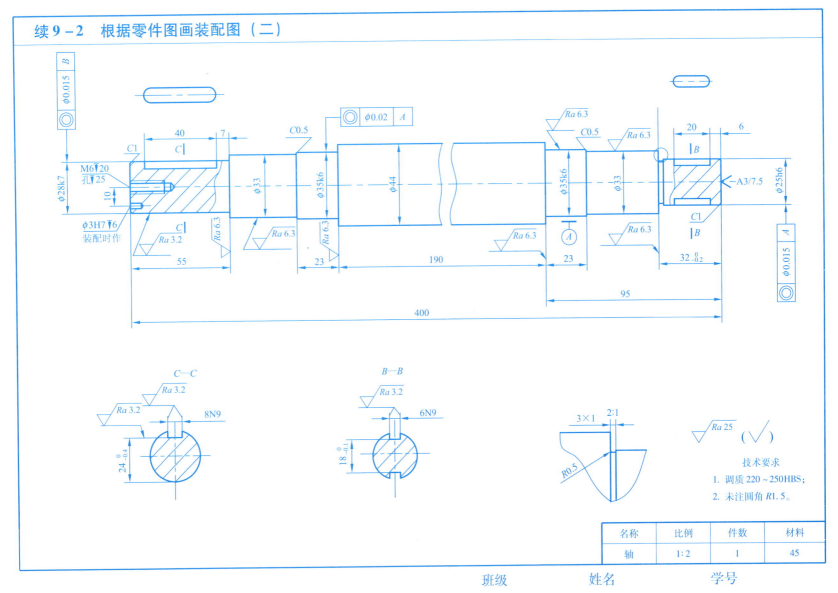

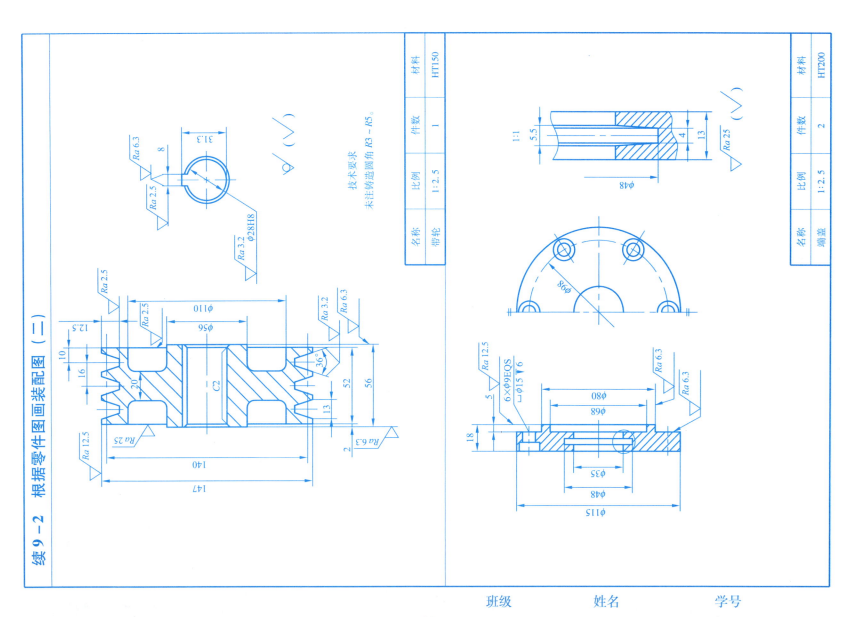

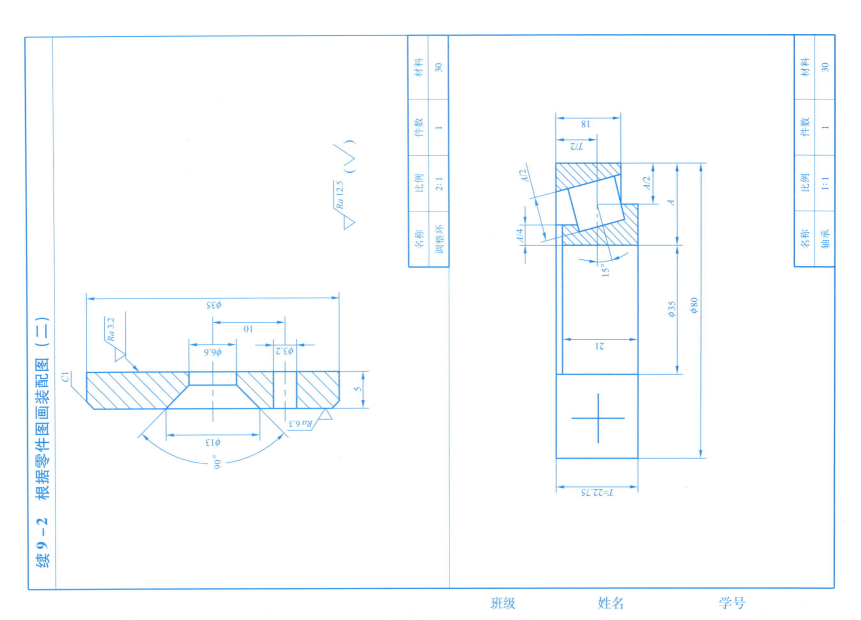

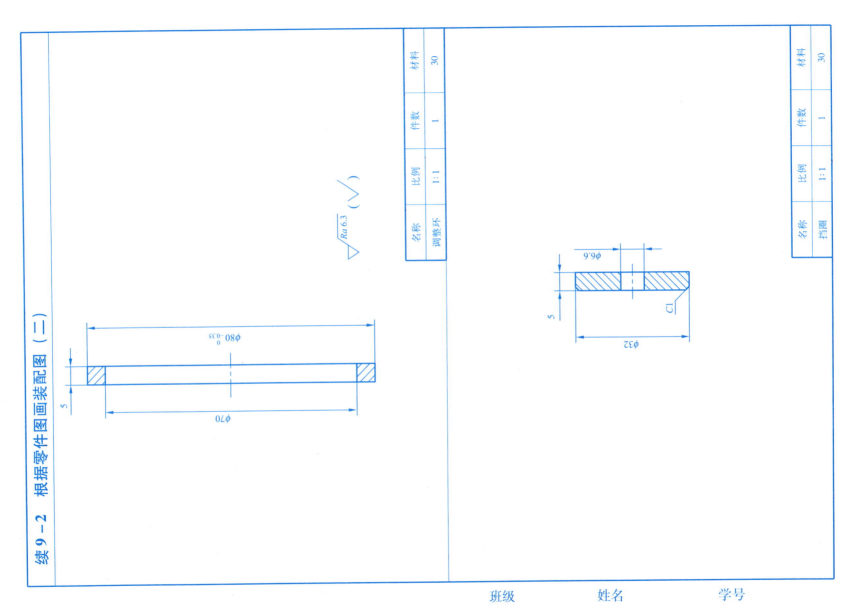

9-3　读装配图（一）

读装配图回答问题：

1. 该钻模是由_____种零件组成。

2. 主视图采用了_____剖和_____剖，剖切面与俯视图中的_____重合，故省略了标注，左视图采用了_____剖视。

3. 零件1底座的侧面有_____个弧形槽，与被钻孔工件定位的尺寸为_____。

4. 钻模板2上有_____个 $\phi 10 \frac{H7}{n6}$ 孔，件号3起_____作用。图中细双点画线表示_____，是_____画法。

5. $\phi 22 \frac{H7}{n6}$ 是件_____与件_____的配合尺寸，属于_____制的_____配合，H7表示_____的公差带代号，n表示件_____的_____代号，6表示_____。

6. 三个孔钻完后，先松开_____，再取去_____，工件便可拆下。

7. 与件号1相邻的零件有_____。

8. 钻模的外形尺寸分别为长_____、宽_____、高_____。

4	ZM00-4	轴	1	40		
3	ZM00-3	钻套	3	40		
2	ZM00-2	钻模板	1	40		
1	ZM00-1	底座	1	40		
序号	代号	名称	数量	材料	重量	备注

9	GB/T 6170—2000	螺母 M10	1			
8	GB/T 119.1—2000	销 3×28	1			
7	ZM00-7	衬套	1	45		
6	ZM00-6	特制螺母	1	35		
5	ZM00-5	开口垫圈	1	40		
序号	代号	名称	数量	材料	重量	备注

（单位名称）

钻模　ZM00　共6张　第1张

班级　　　姓名　　　学号

续 9-3 读装配图（一）

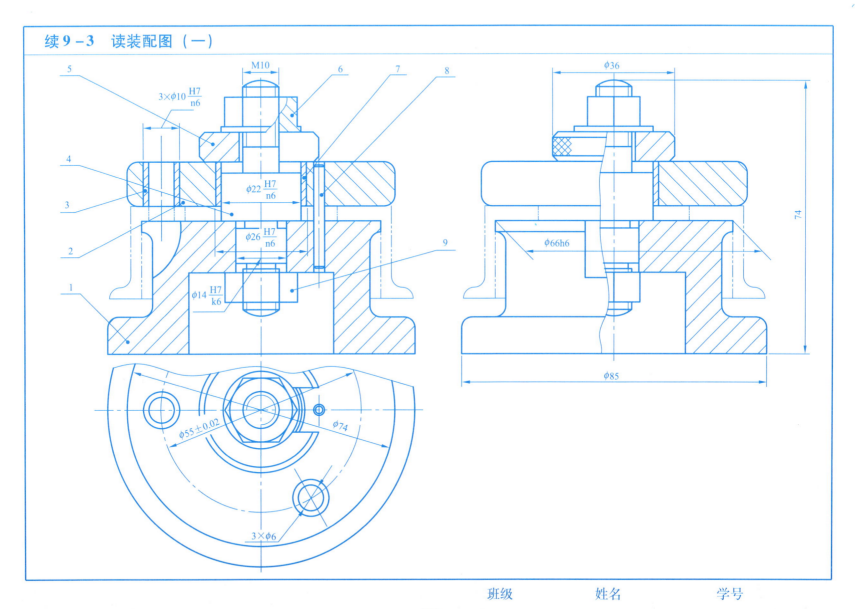

9-4 读装配图（二）

读装配图回答问题：

1. 该装配体的名称是_____，由_____种零件组成，标准件的件号有_____。
2. 活动钳身通过名称为_____的件_____固定在名称为_____件_____上带动它运动。
3. 件6上两个螺纹孔的作用是_____。
4. 件4螺纹的牙型为_____，属于_____螺纹，大径为_____小径为_____，螺距为_____。
5. 0～70的含义为_____，属于装配尺寸分类里的_____尺寸。
6. φ18H9/f9是件_____与件_____的配合尺寸，其中φ18是_____尺寸，H9表示_____f9表示_____，它们属于_____制的_____配合。
7. 此装配体的拆卸顺序为_____。
8. 拆画件4、件7的零件图。

序号	代号	名称	数量	材料	重量	备注
12						
11		螺钉 GB/T 60 M8×16	4			
10	HQ00-8	垫圈	1	Q235		
9	HQ00-7	固定钳身	1	HT150		
8	HQ00-6	钳口板	2	45		
7	HQ00-5	螺母	1	HT200		
6	HQ00-4	螺钉	1	Q235		
5	HQ00-3	活动钳身	1	HT150		
4	HQ00-2	螺杆	1	45		
3		垫圈 GB/T 97.2 12	1			
2		销 GB/T 119.1 A4×26	1			
1	HQ00-1	圆环	1	Q235		

（单位名称）

机用虎钳

HQ00

共6张 第1张

班级　　　姓名　　　学号

续 9-4 读装配图（二）

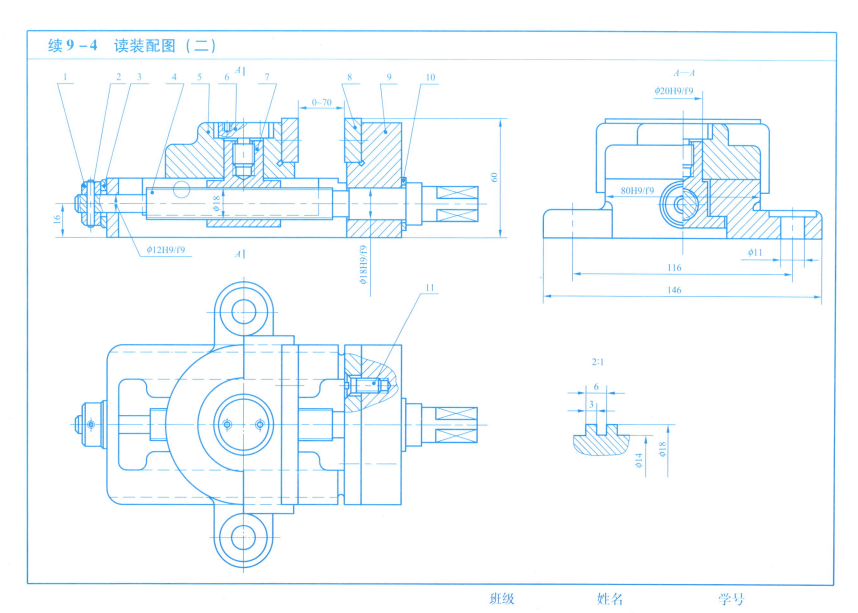

9-5 读装配图（三）

读装配图回答问题：
1. 该装配体在生活中常用的一个实例为_____。
2. 该装配体的工作原理为_____
_____
_____。
3. 件 6 起的作用是_____，固定的方法是_____。
4. G1 的含义是_____。
5. 试给图中的尺寸 φ66 标上配合代号：_____，φ12 标上配合代号可为_____。
6. 拆画其中件 10、件 5、件 13 的零件图。

18	F00-12	螺塞	1	Q235-A			5	F00-04	填料压盖	1	Q235-A		
17		垫圈 GB/T 5574	1	耐油橡胶板			4	F00-03	盖螺母	1	30		
16		垫圈 GB/T 5574	1	耐油橡胶板			3	F00-02	小轴	1	Q275		
15	F00-11	管接头	1	Q235-A			2		销 GB/T91 4×20	1			
14	F00-10	弹簧	1	65Mn			1	F00-01	手柄	1	20		
13	F00-09	安装架	1	HT150			序号	代号	名称	数量	材料	重量	备注
12	F00-08	支架	1	30								(单位名称)	
11	F00-07	阀门	1	Q275									
10	F00-06	阀体	1	HT200									
9	F00-05	叉形架	1	Q235-A			标记	处数	分区	更改文件号	签名	年月日	三通阀
8		螺栓 GB/T 5781 M8×60	2				设计			标准化		阶段标记 重量 比例	
7		螺母 GB/T 41 M8	2									1:2.5	F00
6		填料	1	浸油石棉			审核			批准		共 张 第 张	
序号	代号	名称	数量	材料	重量	备注	工艺			批准			

班级　　　　姓名　　　　学号

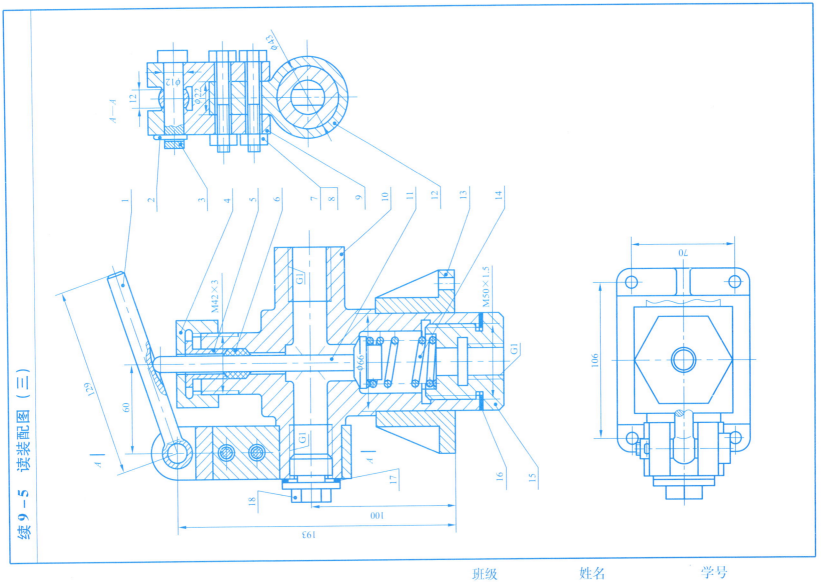

续 9-5 读装配图（三）

第10章 计算机绘图

10-1 计算机绘图（一）

用正交、相对坐标的方法绘制下列图形。

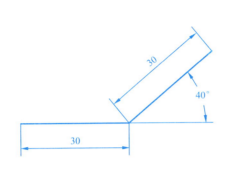

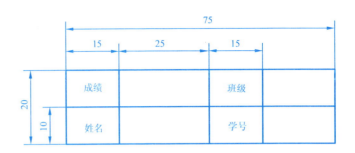

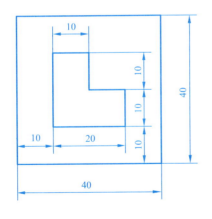

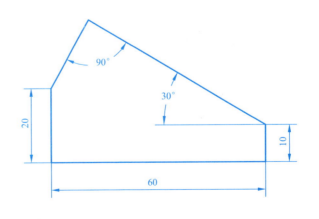

班级　　　姓名　　　学号

10-2 计算机绘图（二）

分层绘图，粗实线层用白色、细点画线层用红色、细虚线层用品红、细实线层用青色，并建标注层用绿色。粗实线层线宽设置为 0.5 mm，其余图层线宽设置为 0.25 mm。

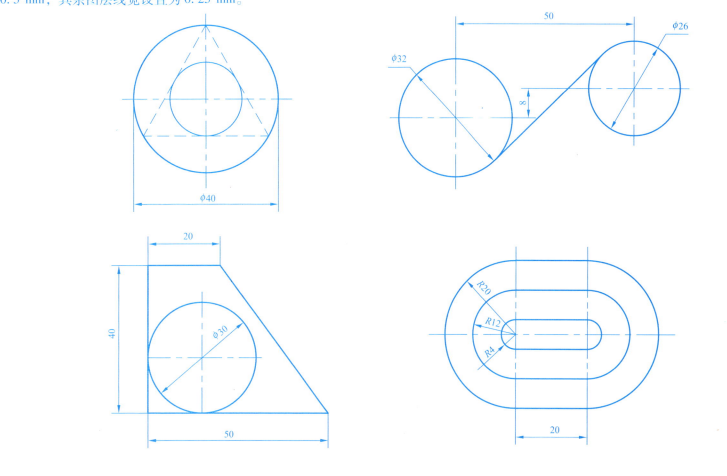

10-3 计算机绘图（三）

绘制平面图形。

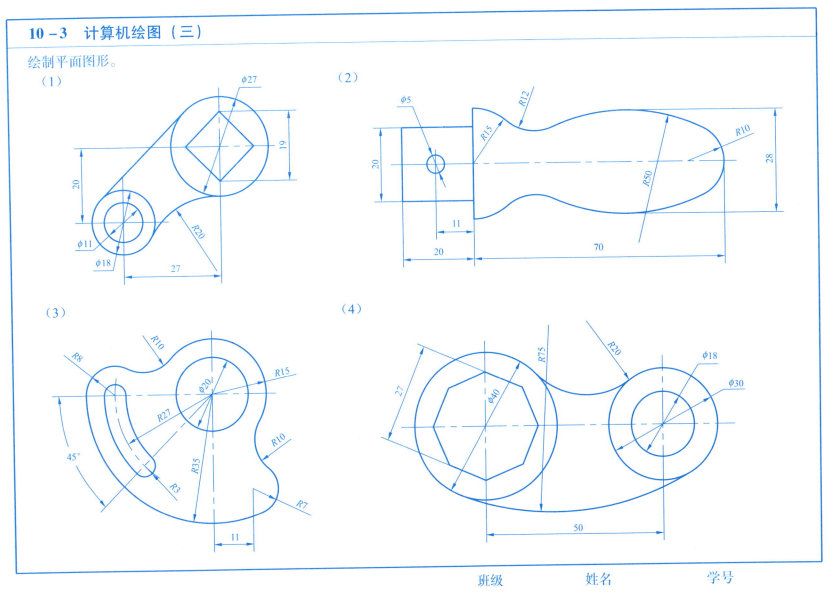

续 10-3　计算机绘图（三）

(5)

(6)

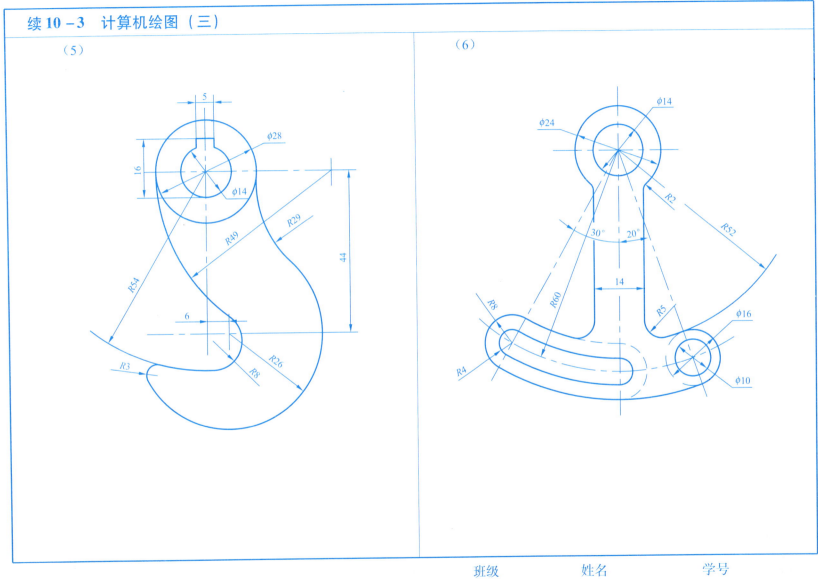

续 10-3 计算机绘图（三）

(7)

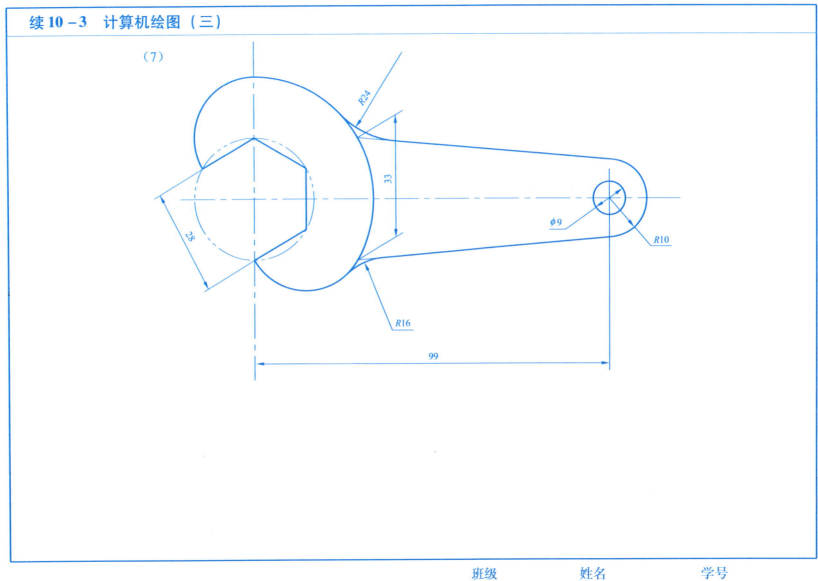

10-4 计算机绘图（四）

用复制、阵列等命令绘制下列图形。

(1)

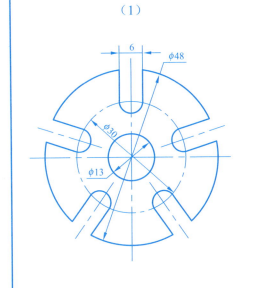

(2)

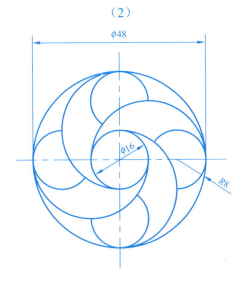

(3)

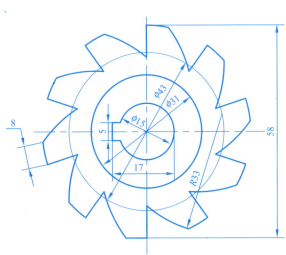

续 10-4 计算机绘图（四）

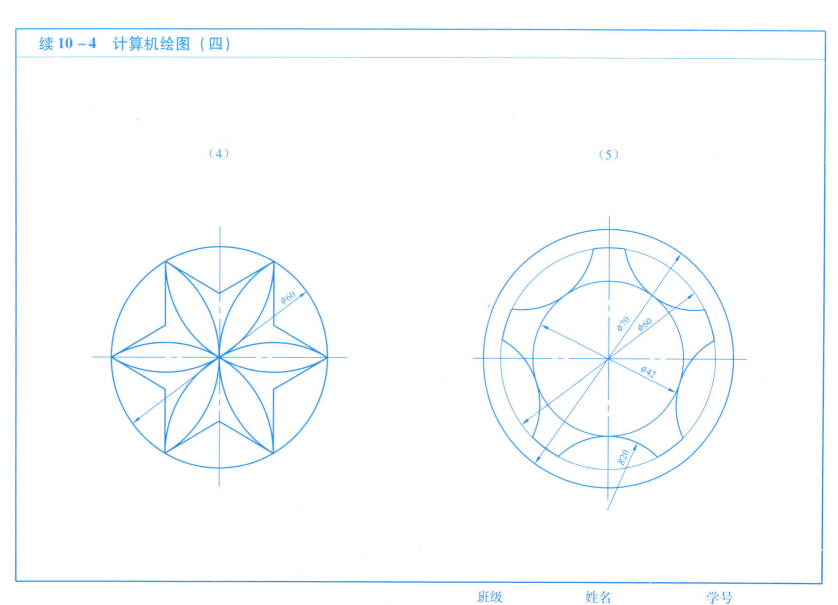

续 10-4 计算机绘图（四）

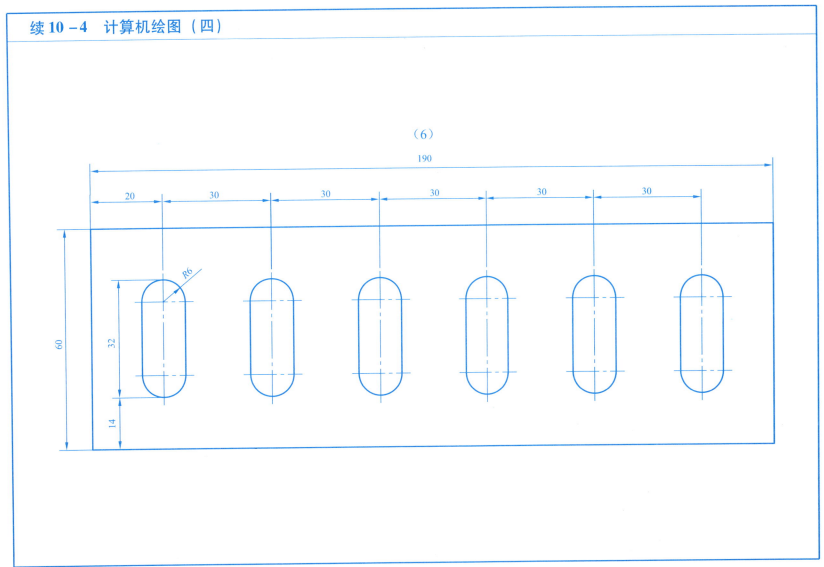

10-5 计算机绘图（五）

将表面粗糙度符号定义成带有属性的图块，绘制图形并完成各种标注。

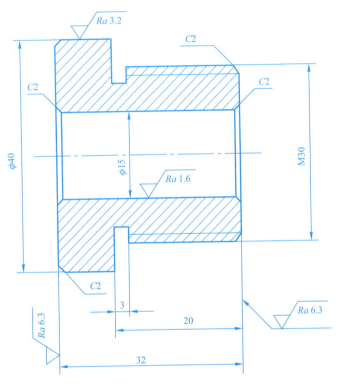

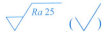

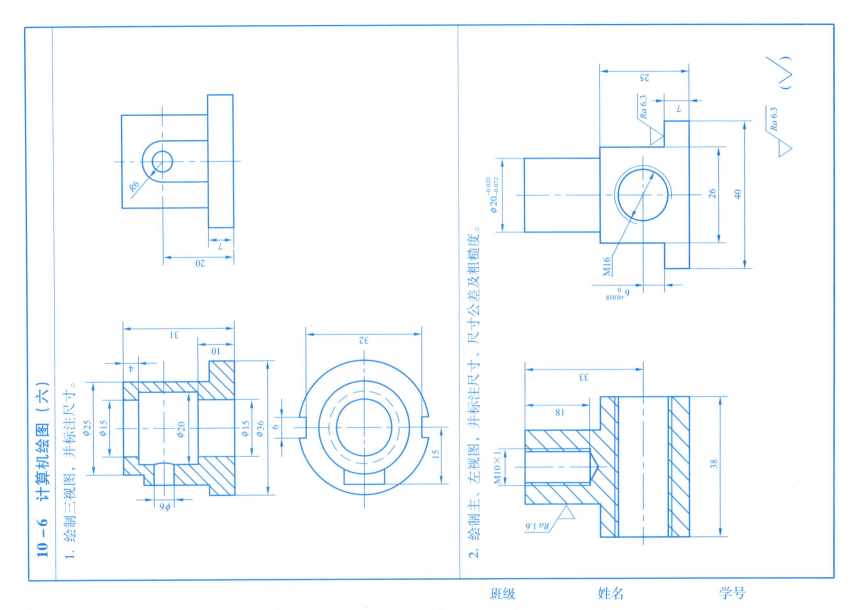

10-7 计算机绘图（七）

绘制轴的零件图并标注尺寸及技术要求。

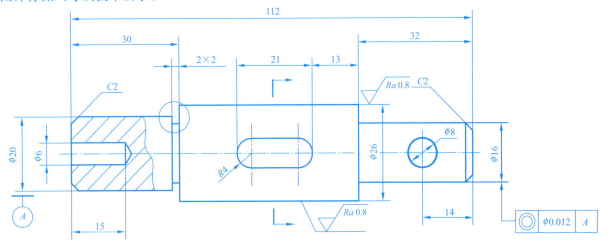

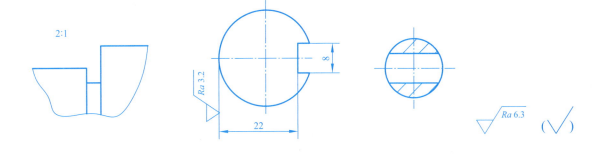

10-8 绘制固定钳座的零件图

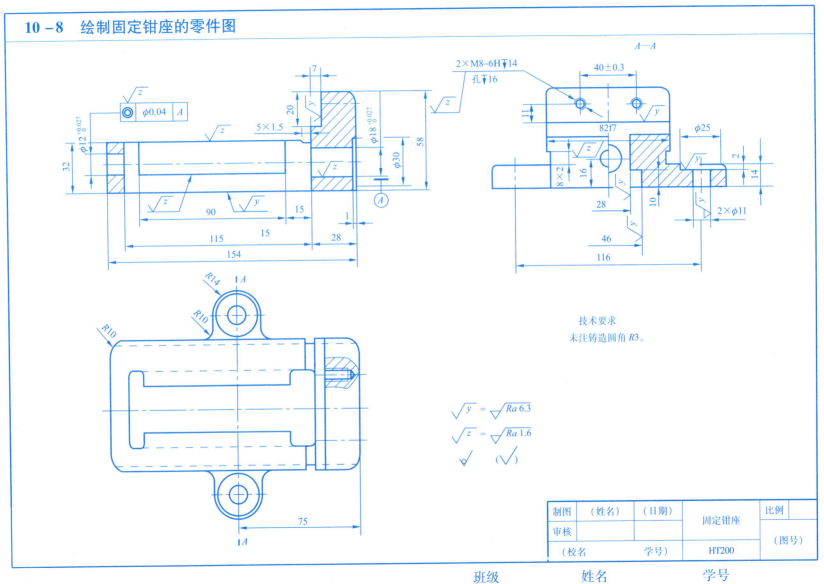

10-9 绘制活动钳身的零件图

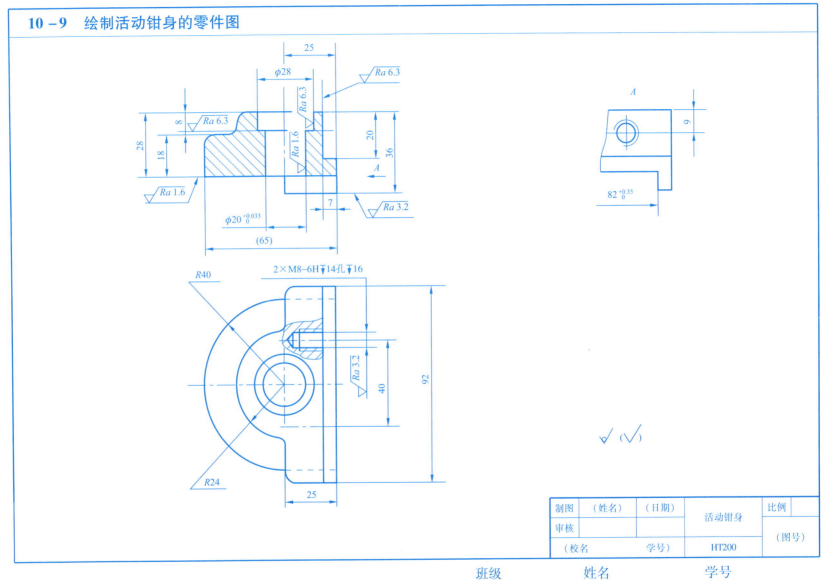